Gabriele Müller

Katzen-spiele

Müller Rüschlikon

Einbandgestaltung: Kornelia Erlewein

Titelbild: Sylvia Born

Bildnachweis:
Mignon Berger-Osswald: S. 80, 81, 86, 91; Elke Bernhardt: S. 76, 77; Sabine Follmann: S. 69; Hilde Hentrich: S. 63, 64, 67, 68, 74, 75, 85; Monika Hillbrink: S. 70, 71; Alois Hübl: S. 65, 66; Bea Kappius: S. 92, 93; Marianne Keuthen: S. 73, 87; Tina Krogull: S. 78; Christine Leitgeb: S. 82, 83; Karen Spreu: S. 56–62.

Alle übrigen Bilder stammen von Sylvia Born, www.sylviaborntierfoto.de

ISBN 978-3-275-01811-6

Postfach 103743, 70032 Stuttgart
Ein Unternehmen der Paul Pietsch Verlage GmbH & Co. KG
Lizenznehmer der Bucheli Verlags AG, Baarerstr. 43, CH-6304 Zug

1. Auflage 2011

Sie finden uns im Internet unter www.mueller-rueschlikon-verlag.

Lektorat: Claudia König
Innengestaltung: Kornelia Erlewein
Druck und Bindung: Graspo CZ, 76302 Zlin
Printed in Czech Republic

Spielerisch beginnt das Katzenleben.

Inhalt

Kapitel 5

Kapitel 6

Kapitel 7

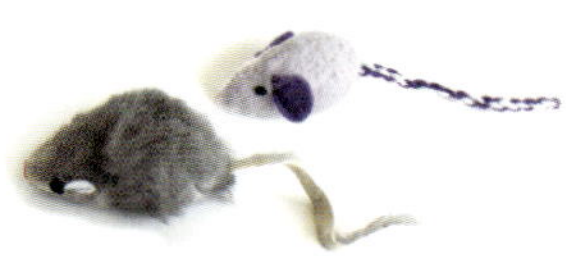

Spielend durch das Katzenleben

Kennen Sie auch diese nostalgischen Szenen auf Gemälden, auf denen kleine knuddelige Wölkchen auf vier tapsigen Pfoten mit Wollknäueln spielen, die viel größer sind, als sie selbst? Und sagen Sie dann nicht automatisch auch: »Oh, wie niedlich!«

Ehrlich, wir waren das nicht.

Weich, rund, flauschig. Das trifft auf beide zu – auf Katzenkinder und auf die Wolle. Kaum jemand kann sich dem Charme dieser Szene entziehen. Denn nichts ist so berührend, wie die drolligen Spielversuche junger Katzen. Sie stupsen, pföteln, tatzen alles an, was sich bewegen lässt. Nichts ist vor ihnen sicher, alles will berochen und ausprobiert werden. Alles lockt, um zu klettern, zu kratzen, zu springen, mag es Tisch, Vorhang oder Mensch sein. Und auch wenn mal etwas zu Bruch geht, wer kann da schon lange böse sein?

Kaum sind die Kleinen ein paar Wochen alt, setzt der Spieltrieb bei ihnen ein. Dann müssen Geschwister oder Menschen, oft auch die genervte Mutter, für immer wildere Spiele herhalten. Und Spielratzen bleiben sie ein Leben lang. Nur dass wir Menschen die Spiele der erwachsenen Katzen oft gar nicht mehr lustig finden. Auf einmal erscheinen sie uns grausam, gemein, heimtückisch, hinterhältig. Vor allem, wenn wir unsere geliebte Mieze das erste Mal sehen, wie sie mit der noch lebenden Beute spielt. Nichts hat dem Ruf der Katzen so sehr geschadet, wie ihr »Beutespiel«.

Aber ist das überhaupt Spiel, was wir dafür halten? Oder welche Bedeutung hat es und warum tun Katzen es? Wie viele Spieleinheiten braucht eine Samtpfote denn überhaupt und wovon hängt das ab? Vom Alter? Schließlich gibt es ja auch wahre Spielfanatiker unter den Samtpfoten und andere, die sogar Angst vor jedem Spielzeug haben.

Und da ist sie schon, die Frage aller Fragen, das ewig ungelöste immer neue Rätsel für jeden Katzenbesitzer: »Warum mag sie ihr schönes, teures, neues Spielzeug nicht, das ich gerade gekauft habe? Und was kann ich beim nächsten Mal mitbringen, um ihr eine Freude zu machen?«

Oder haben Sie resigniert aufgegeben, weil Ihre Mitbewohnerin ja sowieso an nichts Gefallen findet, was Sie für schön erachten? Dann fragen Sie sich jetzt womöglich leicht trotzig: »Warum soll ich eigentlich meine Katze bespaßen, wenn die doch an nichts Interesse hat, außer schlafen und fressen. Vielleicht ist sie sich selbst genug und mag oder braucht gar keine andere Unterhaltung?«

Vielleicht gehören Sie aber auch zu den Katzenhaltern, deren Miezen Freigang genießen und denken sich, dass Ihre Tiere nicht auch noch in der Wohnung beschäftigt werden müssen. »Die können sich doch nun wirklich draußen austoben.« Ach ja? Dieses Buch will Ihnen helfen, das Spiel, seine verschiedenen Formen und ihre Bedeutung für die Katze besser zu verstehen. Und Ihnen Anregungen geben, damit Sie das alltägliche Animationsprogramm zu Hause noch etwas bunter gestalten können. Sie haben noch Ideen? Schreiben Sie uns, wir sind immer auf der Suche nach Anregungen zum Wohle der Katzheit.

An dieser Stelle einen herzlichen Dank an Mascha und Paul, Anton, Willi und Findus, Merlin, Sina, Neo und Nikita, Jeannie und Amanda, Öhrchen, Crümel, Calor, Gustav und Herrn Krause, Charly, Tiffy, Kimba, Mäxchen und Teddy, Siri und Miro, Fabio, Topolino, Sissi, Fresia und Amélie, Van'yár, Mori Quendi, Channaé, Sahyia'Dina und Chewie, Meggan, Paul, Pauline und Tommy, Hui und Toffi und ihre Menschen, dass sie so bereitwillig ihre Lieblingsspiele vorstellen und sich haben fotografieren lassen. Und ein ganz besonderer Dank an alle Fotografen dieses Buches für ihren Einsatz und ihre Geduld. Last, but not least: Danke an Familie Spreu für ihre Ideen und ihre Hilfe.

Kapitel 1

Spiel ist noch lange nicht Spiel

Menschen spielen ein Leben lang, als Kind und als Erwachsener. Fußball, Tennis oder Golf. Wir spielen Karten- oder Brettspiele, Lotto oder Roulette. Jeder von uns spielt irgendwann, irgendwie. Weil Spiel für uns Unterhaltung bedeutet, Gemeinsamkeit, Abwechslung, Entspannung, Freude, Erfolg.

Alle Katzenkinder lieben das Spiel.

Spielen gehört für uns zum Leben dazu. Und das, was wir mit dem Spiel verbinden, übertragen wir auch auf spielende Katzen. Wir interpretieren ihr Verhalten oft mit menschlichen Maßstäben. Für uns hat das Spiel diesen leichten, realitätsfernen, losgelösten Charakter, bei dem wir etwas ausprobieren, etwas »nur aus Spaß« tun. Für Katzen hat das Spiel auch noch andere, viel wichtigere Bedeutungen, als nur Unterhaltung.

Sobald Katzenkinder nicht mehr rund um die Uhr auf mütterliche Zuwendung angewiesen sind und selbstständiger werden, etwa ab der vierten oder fünften Lebenswoche, erkunden sie auch ihre Umwelt – spielend. Die Welt ist groß und aufregend und will erobert sein. Mit angeborenem Forscherdrang und unbändiger Neugier muss alles ausprobiert werden. Zum Beispiel der Gang zur Toilette – nirgendwo lässt sich schöner wühlen, buddeln und graben und dabei die Streu nach allen Seiten verteilen. Das finden jedenfalls Johnny und Jimmy, zwei der Kinder von Kätzin Mona. Und je mehr Geschwister mitmischen, umso mehr Spaß macht das. Deshalb toben auch manchmal alle vier gleichzeitig durch die Katzentoilette. Auch Futterstückchen oder Bröckchen holen die Rabauken gerne mal aus dem Napf und kegeln sie durch die Gegend. Schließlich gibt es für den echten Hunger ja immer noch Mamas Milchbar. Mit jedem Tag, den die Kinderschar wächst und gedeiht, wachsen auch die Kräfte und der Bewegungsdrang. »Fangen« spielen kleine Katzen ebenso wie Menschenkinder. Sie sausen mit übertriebener Geschwindigkeit durch das Zimmer, machen vor lauter Übermut kleine Bocksprünge und schlagen blitzschnelle Haken. Dabei enden solche Eskapaden mehr und mehr in wildem Balgen. Denn die ersten und schönsten Spielzeuge sind doch Ohren, Pfoten und Schwänze von Mutter und Geschwistern. Unglaublich, welche Faszination doch ein sich bewegender Schwanz von Bruder Clayton haben kann. Da muss, wer auf sich hält, doch einfach mal herzhaft hineinbeißen. Klar, dass Clayton das weniger erbaulich findet – und schon ist die schönste Rangelei im Gange, bei der sich dann plötzlich alle raufen, kugeln und übereinander purzeln. Das Sozialspiel beginnt.

Sozialspiele: Für das Leben lernen

Es sieht so einfach und so niedlich aus, aber hier lernen Katzenkinder viel für ihr weiteres Leben. Im Spiel mit den Geschwistern testen sie früh ihre Kräfte, aber auch ihre Grenzen aus. Das lässt ab dem dritten Lebensmonat nach, umso wichtiger ist es, dass sie bis zu diesem Zeitpunkt mit Mutter und Geschwistern im Familienverbund leben. Denn in der Gruppe machen sie eine wichtige Erfahrung: Bis wohin ist es Spiel, wo tut es weh? Wenn sich Geschwister balgen, dann quiekt das unterlegene Katzenkind hoch und schrill, ein Signal, dass hier das Spiel aufhört und der Ernst beginnt. Das bedeutet für den Spielpartner: »Genug jetzt, hier ist Schluss mit lustig.« Was nicht heißt, dass nicht drei Minuten später ein neues Spiel beginnt: mit umgekehrten Rollen. Durch das ständige Training lernen die Kleinen Respekt vor dem Anderen und einen sozialen Umgang miteinander. Das ist eine wichtige Erfahrung für ihr ganzes Leben.

Objektspiele als Training für die Jagd

Mit den Geschwistern zu toben, ist immer schön. Aber da gibt es ja noch so viel anderes Interessantes zu entdecken. Jeder Tag hält die Welt neue Geräusche, Gerüche und Gegenstände bereit, die ausprobiert werden müssen. Furchtlos stürzen sich Micky und Timmy, Jonas und Ivan auf den

Bänder, Kordeln, Schnüre passen schön ins Beuteschema.

Besen, mit dem gefegt wird. Auf die Zeitung, die raschelnd auf den Boden fällt. Auf die Einkaufstüte, die sich anspringen und umkippen lässt und aus der dann so schön alles herauskullert. Auf offene Schnürsenkel, die aus Schuhen herausschauen und an denen man prima zerren kann. Alles ist Objekt der Neugier, wird berochen, vorsichtig angetatzt und kategorisiert: fressbar oder nicht, spielgeeignet oder nicht, interessant oder langweilig.

Als Spielzeug akzeptieren die munteren Kleinen eigentlich alles: Murmeln, Kastanien, Nüsse, Papierbällchen, Kugeln aus Alufolien, knisternde Verpackungen, Kordeln, Granulat für Blumentöpfe. Und all das hat eines gemeinsam: Es könnte sich um Beute handeln. Wer einmal als erfolgreicher Beutegreifer im Leben bestehen will, der muss seine Jagdtechniken perfekt beherrschen. Früh übt sich, wer ein Meister werden will. Und Katzenkindern wird von der Natur nicht viel Zeit zugestanden, um erwachsen zu werden. So wird die Jagd und alles, was dazugehört, auch schon früh trainiert – mit allen Objekten, die greifbar sind. Anpirschen, lossausen, anspringen, zupacken, festhalten, hineinbeißen: alles umso schöner, wenn sich das Objekt bewegt und sich damit verhält, wie Beute. Später verlieren diese Objekte ihren ganz großen Reiz. Aber eines bleibt immer: Alles, was aussieht, Geräusche macht oder sich bewegt, wie ein Beutetier, löst den Jagdinstinkt aus. Wobei Bewegung immer ein Schlüsselreiz ist und bleibt. Das ist auch für Katzenbesitzer wichtig zu wissen.

Tipp: *Gutes Spielzeug muss nicht teuer und kompliziert sein, es muss nur den Beuteinstinkt der Katzen wecken.*

Warum lieben Katzen Kordeln?

Ein Wollknäuel, ein Bindfaden, ein Lederbändchen, eine Luftschlange, eine Kordel, eine Schnur, ein Stück Wäscheleine sind die schönsten Katzenspielzeuge. Warum? Ganz einfach, sie passen ins Beuteschema, denn sie ähneln einem echten Wurm, vor allem, wenn am anderen Ende der Mensch damit über den Fußboden oder den Teppich wedelt und dabei kratzende oder raschelnde Geräusche macht.

Aggressives Spiel – Spielaggression?

Für so manchen Menschen sieht das Raufen und Balgen der Katzenkinder schon recht beeindruckend aus. Manchmal sogar richtig aggressiv und böse. Dabei geht es im Spiel, auch im Kampfspiel, nicht darum, zu verletzen. Wenn Rochus und Puck, zwei halbstarke Katerchen, miteinander rangeln, dann ist das purer Übermut, ein Messen der Kräfte und das beste Training, das sie bekommen können. Auch wenn dabei mal geknurrt, gefaucht oder gekreischt wird, bleibt es Theaterdonner. Aber der Weg vom Spiel zum Ernst ist schmal. Denn ihrer Schwester Pina ist das alles zu viel, zu heftig, zu laut, zu rüpelhaft.

Soziales Spiel mit den Geschwistern trainiert für das Leben.

Aus den Kämpfen der beiden Jung-Machos hält sie sich nach Möglichkeit heraus. Tatsächlich ist in der Entwicklung vom Katzenkind zur erwachsenen Katze oft zu beobachten, dass Kätzinnen anders spielen als Kater, die das Kräftemessen mit einem Kumpel und Sparringspartner lieben. Nur wenn Pina unversehens in die wilde Balgerei hineingerät und lieber eilig den Rückzug antritt, lassen auf einmal die beiden Herren voneinander ab und verfolgen gemeinsam ihre ängstliche Schwester.

Ein Phänomen, das sich auch bei erwachsenen Tieren beobachten lässt. Mag der eine einfach nur übermütig und rabiat spielen wollen, kommt das bei einem sensiblen Gegenüber oft schlecht an und macht ihm Angst. Nur hat, wer wegläuft, schlechte Karten, denn er begibt sich in eine Beuterolle. Und Beute muss bekanntlich verfolgt werden. Geht dieses Spielchen hin und her und gerät nicht zur Einbahnstraße, ist noch alles in Ordnung. Wird aber, was einmal harmlos angefangen hat, zum Mobbing, dann ist es höchste Zeit einzugreifen. Aus Spiel kann schnell Ernst werden, nicht nur im Umgang mit Artgenossen, sondern auch mit Menschen. Nur natürlich ist es, wenn der vierbeinige Nachwuchs auch den Menschen als Kratzbaum, Spielzeug, Sparringspartner ansieht und auf ihm herumturnt, in ihn hineinbeißt, an ihm hochklettert. Schließlich quieken Menschen ja auch noch halb schmerzhaft, halb entzückt, wenn spitze Katzenzähnchen in Finger beißen oder kleine scharfe Krallen durch den Stoff der Hose in die Beine pieken. Unbewusst stärkt das so manchen Katzenfreund noch, indem er das wilde Spiel mitspielt. Katerchen Chandors Spezialität etwa ist es, seinen Menschen beim Bücken zum Reinigen der Katzentoilette auf den Rücken zu springen und dann an seinen Haaren zu knabbern. Das finden seine Menschen niedlich und schließlich ist es ja Liebe, wenn er das tut. Auch wenn er sie aus vollem Lauf anspringt und sich an den jeweiligen Beinen hochzieht, ist das noch drollig. Oder war es jedenfalls, so lange er noch ein Fliegengewicht war. Jetzt wird er größer und stärker und seine Bisse und Kratzer tun richtig weh. Aber auf Ermahnungen will er nicht mehr hören und wird aggressiv, wenn der gebissene Mensch versucht, seine Hände oder Füße zu befreien, die Chandor mit allen vier Pfoten umklammert hält. Alle Versuche, ihn in dieser Situation mit anderen Spielen abzulenken, scheinen ihn noch mehr aufzudrehen und er wird immer noch aggressiver. Was ist nur mit ihm los?

Kater Chandor zeigt etwas, was sich »überzogene Spielaggression« nennt. Er hat zwar gelernt, wild und rau zu spielen, weil ihn seine Menschen unbeabsichtigt darin bestärkt haben. Aber was er nicht gelernt hat, ist Grenzen zu akzeptieren. Ein Phänomen, das häufig auftritt, wenn Katzennachwuchs von Menschen aufgezogen oder zu früh von der Mutter getrennt wird. Die Ablenkungsangebote begreift der Kater erneut als Bestätigung und Belohnung – kein Wunder, dass er sein aggressives Spielverhalten nur noch verstärkt. Einzige Möglichkeit, aus diesem Teufelskreis wieder auszusteigen: Ein Abbruch der Situation. Chandors Menschen verlassen sofort den Raum, wenn der Jungkater wieder einmal zu wild wird und lassen ihn für einige Minuten alleine, damit er sich »abkühlen« kann. Belohnung und Zuwendung gibt es erst wieder, wenn der Kater erwünschtes positives Verhalten zeigt.

Kann Spielen grausam sein?

Shiva ist eine reine Wohnungskatze, ein Jahr jung, munter und verspielt. Die Katzendame kann sich mit vielem beschäftigen, aber am liebsten sind ihr doch ihre Fellmäuse. Die wirft sie hoch, schleudert sie durch das Zimmer, kegelt sie weit unter den Wohnzimmerschrank, nur um sie von dort wieder hervorzuangeln. Das dauert manchmal nur kurz, dann verliert sie das Interesse. Manchmal aber kann sie sich auch 20 Minuten lang mit ein und derselben Maus beschäftigen. Das sieht drollig aus und bringt ihre Halter zum Lachen. Ganz anders ist es, wenn draußen ein Streuner eine lebende Maus gefangen hat. Auch er »spielt« mit der Beute, lässt sie kurz entkommen, tatzt sie wieder an, schleudert sie umher, wartet, bis sie wieder wegläuft, fängt sie erneut. So lange, bis er ermüdet und sie endlich mit einem schnellen Biss tötet oder die Maus vor Angst stirbt. Die Abläufe sind gleich – nur empfinden wir das Spiel mit der echten Maus als grausam und unterstellen, dass die Katze Freude an der Qual ihres Opfers hat. Dieses »Töten aus Lust am Töten«, wie es oft bezeichnet wird, hat Katzen viele Vorurteile und viel Abneigung eingetragen. Interessant ist, dass es wohl eher bei Hauskatzen auftritt, die jederzeit Zugang zu Futter haben, als bei frei lebenden, verwilderten Verwandten.

Das hat seinen Grund: Katzen müssen oft mühsam, in mehreren Versuchen, ihre Beute erlegen. Der Trieb zu jagen, muss also besonders stark sein, denn für eine gefangene Beute sind unter Umständen drei bis vier kraftraubende Versuche nötig. Und in freier Natur wird auch eine Katze, die auf die erlegte Beute zum Überleben angewiesen ist, sie schnell verspeisen. Tiere, die dagegen lange keine Gelegenheit und Möglichkeit hatten, auf Beutefang zu gehen, müssen diesen Trieb erst ausagieren. Sehr treffend nannte der Katzenforscher Paul Leyhausen dieses Spielen mit der Beute auch »Stauungsspiel«. Der aufgestaute Jagdtrieb muss sich erst entladen, bevor die Jägerin den gezielten Tötungsbiss ansetzt. So unschön das in unseren Augen ist, so ungerecht ist es auch, der Katze bewusste Grausamkeit zu unterstellen.

Soll ich oder soll ich nicht? Gehemmtes Spiel.

Vorsicht walten lassen – gehemmtes Spiel

»Ach, was bin ich müde, so müde.« Katze Jamaica kann gerade nichts aus der Ruhe bringen. Sie hat genüsslich ihr Frühstück verzehrt, jetzt sucht sie sich einen Platz im Bett für ein gemütliches Dämmerstündchen. Was, sie soll jetzt spielen? Nur weil heute Sonntag ist und ihr Mensch meint, er müsse sich jetzt doch auch mal mit seiner pelzigen Mitbewohnerin beschäftigen?

Wenn sie könnte, dann würde Jamaica nun höchstens lächeln über so viel vergeblichen Enthusiasmus. Ein Animationsprogramm ist ja schön und gut, aber alles zu seiner Zeit. Vielleicht wird sie aus purer Freundlichkeit, zum Zeichen ihres guten Willens, ein- oder zweimal langsam die Pfote heben und damit nach der Federangel tatzen – aber das ist nun wirklich genug der Anstrengung. Die Uhrzeit passt nicht, der Magen

Beutespiel

ist gefüllt, das Spielzeug ist langweilig, die Katze ist abgelenkt und mit etwas Wichtigerem beschäftigt. Alles das können Gründe sein, wenn die Samtpfote nicht oder nicht mit Begeisterung spielen mag.
Aber auch angeborene Vorsicht und Misstrauen können zum so genannten »gehemmten Spiel« führen. Bei Beutetieren etwa, bei denen die Katze nicht genau einschätzen kann, was sie davon zu halten hat. Heute zum Beispiel hat die Katzenkinderschar ein ganz besonderes Geschenk bekommen: Eine Plüschratte. Lebensgroß mit dem typischen nackten Rattenschwanz. Und obwohl keine der Jungkatzen je eine echte Ratte gesehen hat, wird das Tier sofort als mögliche Beute identifiziert. »Ist das komische Ding da schon tot oder lebt es noch? Kann es sich wehren, und wie gefährlich ist es?« Das kluge Katzenkind Tommy baut vor und probiert erst einmal aus. Der Kater tippt das Objekt mit der Pfote an, immer bereit, auch zurückzuspringen. Die Ratte scheint zu leben, sie rutscht Bruder Nick vor die Füße. Ein Tatzenhieb, ein Satz beiseite. Und schon die nächste. Auch Gina darf mal ausprobieren. Reihum wird die Ratte getestet, die Hiebe werden heftiger. Alles auf Angriff – aber gleichzeitig auch bereit zur Flucht. Denn noch halten sich einige Minuten lang Neugier und Angst die Waage. Schließlich aber wird es Benny zu bunt. Er packt die Beute, setzt den Nackenbiss an und: »Die Ratte ist tot, juhuhuhu.«

Erleichterungsspiel: »Ich hab sie erledigt.«

Das verstehen auch wir Menschen ohne alle Worte. Freude und Stolz über den Sieg brechen sich Bahn. Das war ein großer Kampf, ein schwerer Gegner, aber Kater Jardino hat die Beute erlegt. Nun liegt sie da, ist mausetot und der Held hat allen Grund, sich selbst zu feiern. Denn Gegner wie Ratten oder Marder können auch einer trainierten Katze gefährlich werden. Umso größer ist jetzt die Erleichterung. Die Anspannung des Kampfes lässt nach und löst sich auf in Begeisterung über die eigene Großtat. Jardino hüpft übermütig um seine Trophäe herum, schnüffelt immer wieder an ihr, schnappt sie und wirft sie hoch, umkreist sie wieder und scheint vor Stolz bald zu platzen. Erleichterungsspiel zeigen Katzen ausschließlich mit toten Beutetieren, und nur dann, wenn der Gegner eine echte Herausforderung war.

Spiel statt Couch

Sebastian ist ein kleiner, niedlicher, schwarz-weißer Kater von vier Monaten. Jedenfalls ist er so lange niedlich, wie ihn kein Mensch bedrängt. Kommt ihm aber ein Zweibeiner zu nahe, dann wird aus dem kleinen Katzenkind ein beeindruckender »Monsterkater«, der knurrt, faucht und spuckt. An Anfassen oder Beschmusen ist nicht zu denken. Wie viele Katzen, die draußen zur Welt kommen, hat Basti in den alles entscheidenden Wochen seiner Welpenzeit keinen guten Kontakt zu Menschen gehabt. Sie machen ihm schlichtweg Angst. Vor allem, wenn sie sich von oben auf ihn herabbeugen und nach ihm greifen, fährt er seine Krallen aus. Aber eines teilt er mit allen Artgenossen: den Jagdtrieb. Und den können sich Menschen zunutze machen, um sein Katerherz für sich zu gewinnen. Wie? Spielend.

Wie alle jungen Tiere hat Basti Bewegungsdrang und schnelle Reflexe. Und nach Katzenart reagiert er auf alles, was sich bewegt, und dem er hinterherjagen kann. Das lässt sich für Jagdspiele wunderbar nutzen. Wichtig ist dabei nur eines: Dass die ängstliche Katze niemals be-

Verstecken und Beute machen, auch wenn es nur eine Kordel ist.

drängt wird oder sich in die Ecke gedrängt fühlt. Und dafür sind Federwedel mit besonders langen Stäben, alle Arten von Angeln mit langen Schnüren oder Spielzeuge wie der Cat Dancer (s. Seite 48) oder der Dragonfly (s. Seite 78) gut, die Beutebewegungen imitieren, aber dem Tier viel Raum zum Ausweichen lassen. Gemeinsames Spielen ist gemeinsames Jagen und am Ende sollte der Erfolg stehen: das Fangen der Beute, also des Spielzeugs und ein besonderes Leckerchen. Hier, wie während des gesamten Spiels, sollte der Mensch bewussten Blickkontakt vermeiden. Höflicher ist es, den Kopf abzuwenden, scheinbar gelangweilt in der Gegend herumzuschauen und zu blinzeln.

Solche Spielrituale, über Wochen konsequent durchgeführt, tragen viel dazu bei, das Vertrauen zwischen Katze und Mensch aufzubauen.

Liebe mit Hindernissen: Die Vergesellschaftung

Carina soll umziehen. Die sanfte junge Kätzin wird ein neues Revier, eine neue Familie, einen neuen Artgenossen als Kumpel bekommen. Ob das gutgeht? Ihre Menschen sind aufgeregt. Ob die Zusammenführung klappt? Das hängt von vielen Faktoren ab. Wer wen leiden und riechen kann oder nicht, das ist immer ein großes Rätsel. Ein gewisses Risiko bleibt, aber der Mensch kann so einiges dazu tun, damit aus Fremden dauerhaft Freunde werden. Dazu gehören ein Rückzugsort für die neue Katze, ein eigener Napf, eine eigene Toilette und das gewohnte Spielzeug. Aber eben auch Spieleinheiten für beide Tiere. Anfangs noch einzeln, nach und nach aber auch gemeinsam. Schritt für Schritt werden beide ins Spiel mit dem Menschen einbezogen. Carina zum Beispiel reagiert ängstlich und verunsichert auf die vielen neuen Eindrücke. Und Max, der imposante Kater, scheint ihr nicht ganz geheuer. Dabei ist der doch so sehr an ihr interessiert. Klar, er will doch nur spielen. Schade, dass Carina immer die Flucht ergreift, wenn sich ihr Kumpel in spe in Bewegung setzt und auf sie zutrottet. Spielen kann gegen solche und andere Ängste wirksam helfen. Denn im Spiel vergessen die beiden Tiere leicht, dass der jeweils Andere eine potenzielle Gefahr ist, die Skepsis angeraten sein lässt. Gemeinsames Spielen verbindet schnell, vor allem, wenn es auch noch mit Belohnung verknüpft wird. Auch hier eignen sich ganz einfache Dinge aus dem Haushalt, um die Freundschaft zu fördern. Etwa ein Stück Wäscheleine von mehr als einem Meter Länge, eine Paketkordel oder ein ausgeklappter Zollstock, die über den Boden bewegt werden. Damit kann der Halter wahlweise nach rechts und nach links schwenken und dabei jeweils auch kleine fressbare Belohnungen zuwerfen. Nach und nach kann die Entfernung beim Spiel verringert werden, bis die Tiere gelernt haben, dass vom Anderen keine Gefahr ausgeht.

Stress durch Langeweile: Auffälliges Verhalten

Kätzin Sue macht ihrem Menschen Kummer. Sie zerkratzt die Möbel und die Tapeten. Sie wirft seit Neustem Blumentöpfe von der Fensterbank. Sie schreit nachts in voller Lautstärke und tobt durch die Wohnung, so dass sich die Nachbarn beschweren. Und sie folgt ihren Menschen, wenn die von der Arbeit nach Hause kommen, auf Schritt und Tritt. Bekommt sie die geforderten Schmuseeinheiten, dann wird sie plötzlich aggressiv und beißt in Hände oder Füße. Was ist nur los mit ihr? Viele Katzenmenschen können oder wollen ihren Liebling aus Angst vor den Gefahren nicht nach draußen lassen. Wohnungshaltung ist zwar sicherer, weil hier weniger Gefahren für die Gesundheit drohen. Aber eine sehr reale Gefahr wird oft unterschätzt: Stress durch Unterforderung. In einer reizarmen, sterilen Umgebung ohne katzengerechtes Spielzeug, ohne stimulierende Reize und ohne die Möglichkeit, ihren Bewegungsdrang auszuleben, können Katzen auf Dauer krank werden. Wenn den Samtpfoten die Möglichkeit fehlt, ihr angeborenes, arteigenes Verhalten auszuleben, ziehen sich die Tiere entweder in sich selbst zurück oder zeigen übersteigertes aufmerksamkeitserregendes Verhalten. Das reicht von heftigem Vokalisieren bis zu Zerstörungswut. Hier ist der Mensch gefordert, ausgeklügelte Animationsprogramme anzubieten. Solche, bei denen die Katze alleine spielen kann. Aber auch solche, bei denen Zwei- und Vierbeiner gemeinsam agieren.

Spieltipp: *Dressurreitgerten gibt es im Zoohandel, in Fachgeschäften oder online zu kaufen. Sie sind zwischen einem Meter und eineinhalb Meter lang, wippen schön in der Hand und haben am vorderen Ende ein kleines Zöpfchen, das interessante kratzende Geräusche macht, wenn man damit über den Boden fährt. Kurz, sie sind ein wunderbares Spielzeug, gerade für ängstliche Katzen. Vielen Dank für diesen Tipp an Kollegin Susan Gonscherowski, erste Vorsitzende des Verbandes der Tierpsychologen und Tiertrainer (VdTT).*

Kapitel 2

Spielen – ein Leben lang?

Kaum geht die Tür auf, beginnt die wilde Jagd. Mira, Minnie, Findus, Piet, Krümel, alle fünf Katzenwelpen wuseln so aufgeregt durcheinander, dass sich davon sogar ihre Mutter Sina anstecken lässt. Achtung, Mensch kommt! Das verspricht wieder spannende Unterhaltung zu werden. Denn jedes Mal gibt es schönes, neues Spielzeug und viele unbekannte Dinge zu begutachten.

Wer fängt den Ball?

Alle fünf wissen schon längst: Wer die begehrte Beute erobern will, muss sich früh die beste Startposition erobern. Da wird schon die verheißungsvoll raschelnde Tüte geöffnet, also lohnt es sich, an den menschlichen Beinen hochzuklettern, um noch schneller daran zu kommen. Oh, Vogel am Stiel gibt es heute, das kann Piet mit niemandem teilen, den muss er für sich alleine haben. Mit dem Federwedel quer im Maul saust er knurrend in die hinterste Zimmerecke. Allerdings nicht lange. Denn die Geschwister lassen sich von dem Drohknurren nicht lange abschrecken. »Her mit dem Ding, wir wollen es auch.« Findus ist, wie immer, rabiat und vornweg. Minnie, die Kleinste, gibt dagegen bald auf, weil sie von den Geschwistern überrannt wird.

Wer in einem Wurf mit wem oder was und wie spielt, sagt schon einiges über den Charakter eines Tieres aus. Da gibt es den furchtlosen Findus, der einfach alles ausprobiert, weil er seine Nase immer vorneweg und nah dran haben muss. Da gibt es den klugen Krümel, den Taktiker, der abwartet und seine Chance nutzt. Oder Minnie die Mimose, die Sensible, die mehr auf Schmuseeinheiten, als auf wildes Balgen abfährt. Nur dass ein Katzenkind so gar nicht spielen will, das gibt es nie.

Spielen ist für Katzenwelpen so selbstverständlich wie Atmen. Die Kleinen müssen einfach ihrem Bewegungsdrang nachgeben, sich austoben, alles Neue spielerisch begreifen. Und sie trainieren dabei Körper und Geist des späteren

Angeln sind auch bei ängstlichen Katzen gut einsetzbar.

Jägers. Dabei lässt sich gut beobachten, wie sich mit körperlichem Wachstum und geistiger Reife auch das Spielverhalten verändert.

Ungefähr ab der vierten bis fünften Woche bringen Mütter ihrem Nachwuchs bereits lebende Beute ans Nest. Auch wenn der noch nicht viel damit anfangen kann, wird doch schon einmal geschnüffelt und mit den Pfötchen daran gestupst. Nur wenige Tage später werden die Bewegungen koordinierter, sind weniger tapsig und dafür zielgerichteter. Jetzt macht das Erklettern und Anspringen von Stühlen, Tischen und Vorhängen großen Spaß. Genauso wie das Jagen der Geschwister. Ab der siebten oder achten Woche beginnt in der Regel das Objektspiel. Nichts und niemand ist vor der neugierigen Bande sicher. Und da die Kraft und die Geschicklichkeit wachsen, werden auch die Kletterkünste immer besser. Mit der Vollendung des dritten Lebensmonats sind die Kleinen zwar noch lange nicht erwachsen, aber sie haben spielend alles gelernt, was für das Leben wichtig ist.

Mit rund einem halben bis einem dreiviertel Jahr setzt die Pubertät ein und aus dem spielerischen Umgang mit den Geschwistern oder anderen Artgenossen kann jetzt schon mal Ernst werden. In typischer Halbstarkenmanier werden die Kräfte ausprobiert. Ivan, der größte und mutigste der Jungkater, meint in kühner Selbstüberschätzung, seinem Beinamen »der Schreckliche« nun wirklich gerecht werden zu müssen. Aufgeblasen und breitbeinig stolziert er durch die Wohnung, erfüllt von der eigenen Wichtigkeit und fordert den Chefkater Kasimir zum Kämpfchen heraus. Das ist halb Spiel, halb Ernst, denn Kasimir sieht das Ganze wohl eher mit Belustigung. Und wenn es ihm zu bunt wird, lernt Ivan eine weitere Lektion für sein Leben. Dann greift Kasimir zu erzieherischen Mitteln, wie einigen gezielten Tatzenhieben. Und schon ist die Welt wieder im alten Gleichgewicht.

Langeweile – der größte Feind aller Katzen

Spielen bleibt ein ganzes Katzenleben lang ein wichtiger Programmpunkt. Nur ändert sich die Spiellust und -freude mit den Lebensbedingungen, dem Spielangebot, dem Charakter, dem Alter des Tieres. Ein gesundes erwachsenes Tier will und sollte spielen, das ist nichts anderes als Jagen ohne Endhandlung, ohne Tötungsbiss. Es gehört schlicht zum ureigensten Verhaltensrepertoire der Feliden. Dieser Instinkt ist angeboren und bleibt immer. Erlernt und trainiert werden müssen lediglich die Techniken, die zum Erfolg führen. Und wenn die einmal perfektioniert sind, kann eine Katze sie jederzeit und immer wieder abrufen. Selbst die Senioren unter den Pelzigen spielen zum Teil noch recht gerne. Es sei denn, sie sind wirklich hoch betagt. Bewegungen verursachen dann oft Schmerzen, die Sinne lassen nach, das macht ein Jagen hinter

Gegenständen her schwierig. Ein Platz in der Sonne oder am Ofen wird jetzt mehr geschätzt als wilde Eskapaden. Was nicht heißt, dass der rege Geist der Tiere nicht dennoch Beschäftigung und Anregung braucht. Nur sollte es eben ruhiger und gemächlicher zugehen. Denkspiele, bei denen Aufgaben gelöst werden müssen und ein geliebtes Leckerchen als Belohnung winkt, sind hier oft genau das Richtige.

Unterhaltung bitte

Vor allem Stubentiger brauchen ein ausgeklügeltes Spielangebot, denn ihnen fehlen viele Gelegenheiten, ihr einprogrammiertes Verhalten auszuüben. Häufig leben sie ohne oder mit wenig Kontakt zu Artgenossen und anderen Tieren. Sie können nicht in der Dämmerung durch ihr Revier streifen und die Geruchsbotschaften der Nachbarn riechen. Sie sind nicht in Grenzstreitigkeiten verwickelt und sie können nicht auflauern, Beute machen und fressen.
Freigänger, die alle diese Möglichkeiten haben, müssen also nicht mehr beschäftigt werden? Nicht doch. Wenn Kater Toby morgens gegen fünf von seinem Streifzug nach Hause kommt, bringt er oft »Maus-Geschenke« mit. Zufrieden lässt er sich dann nieder und träumt von seinen nächtlichen Heldentaten, bis es endlich auch bei seinen Menschen Frühstück gibt. Dabei ist er hellwach, denn er weiß, dass er als Erster etwas bekommt. Danach ein geruhsames Schläfchen bis in die frühren Nachmittagsstunden und dann möchte der Grautiger gerne sein tägliches Unterhaltungsstündchen. Seine Lieblingsspielzeuge sind Mäuse – auch solche, die noch nie lebendig waren. Die fängt er im Flug und apportiert sie. Und solcherart trainiert, warm gelaufen und in Stimmung gebracht, schlendert er dann in der Abenddämmerung nach draußen, um sich der echten Beute anzunehmen.

Spielen stärkt die Verbundenheit

Auch Freigänger können und wollen spielen: Am liebsten mit ihrem Menschen. Denn das gemeinsame Jagen in der Wohnung ist ein besonders schönes Abenteuer und es festigt den Zusammenhalt zwischen Zwei- und Vierbeinern.

Wie viel Spiel braucht die Katze?

Diese Frage lässt sich nicht so einfach beantworten. Generell gilt aber als Faustregel: Für das Gewohnheitstier Katze sind regelmäßige Beschäftigungseinheiten und Spielrituale wichtiger, als ausgedehnte, aber seltene spielerische Beschäftigung. Je nach Lebensraum, Rasse, Temperament, Alter und Gesundheitszustand reichen die Ansprüche von 30 Minuten pro Tag bis zu zwei Stunden langen Spielzeiten.

Wenn ein Sinn ausfällt

Das kommt immer wieder vor: Ein Tier ist behindert. Unfälle oder Krankheiten können schreckliche Folgen haben. Zum Beispiel, dass eine Pfote amputiert werden muss. Oder dass ein Tier erblindet – oft die Folge von unbehandeltem Virusschnupfen. Es gibt aber auch die reinweißen Katzen, häufig mit blauen Augen, die taub zur Welt kommen. Oder jene Katzen mit Ataxie, einer angeborenen Bewegungsstörung. Und schließlich können auch im hohen Alter die Sinne nachlassen und die Tiere hören etwas schlecht. Offensichtliche Behinderungen bei Tieren machen den meisten Menschen Angst und verunsichern sie. Oft ist zu hören, dass es besser wäre, solch ein Tier zu erlösen. Dabei können Katzen den Verlust eines Sinnes oder einer Gliedmaße oft viel besser kompensieren, als wir uns vorstellen. Und sie haben durchaus Lebensfreude, ja sie spielen auch. Nur vielleicht anders.

Carlo ist ein halbjähriges creme-rotes Katzenkind mit Maine-Coon-Erbe. Er kommt aus dem Süden, wo er von Tierschützern gerettet wurde. Und wie viele der streunenden Katzen hatte schon seine Mutter einen unbehandelten Katzenschnupfen. Carlo hat sich bei ihr angesteckt. Nur leider wurde er zu spät gefunden, um sein Augenlicht retten zu können: Carlo ist blind. Das kann kaum glauben, wer sieht, wie das Katerchen hoch oben auf der höchsten Plattform des Kratzbaums in luftiger Höhe von zwei Meter thront. Und er wurde nicht etwa hinaufgehoben, er ist selbst geklettert. Katzen orientieren sich eben anders als wir Menschen nicht nur über einen Sinn, das Sehen. Sie benutzen ihre beweglichen Ohren, ihre Vibrissen, die Tasthaare, ihre empfindliche Nase und ihre sensiblen Pfoten, um sich zu orientieren. Und junge Tiere, die früh mit dem Verlust eines Sinnes leben müssen, lernen sehr erfolgreich, alle anderen Möglichkeiten zu nutzen, die sie haben, um das auszugleichen. Natürlich machen Spiele, bei denen es darauf ankommt, die Beute zu sehen, wenig Sinn. Umso lieber aber spielt auch Carlo mit Spielzeug, das er hören oder riechen kann. Ein Rascheln von knisterndem Papier oder Alufolie oder Düfte von

Einsteigerspielzeug für behinderte Katzen

Auch wenn eine Katze das Spielzeug nicht sieht, reagiert sie doch auf Bewegung, die sie hört. Deshalb sind alle Arten von Rondellen sehr gut geeignet, in denen der Ball in einer Art Schiene läuft und nicht wegrollen kann. Solche Rondelle gibt es zum Beispiel mit einer Mitte aus Pappe, die zum Krallenwetzen einlädt. Umgekehrt macht es wenig Sinn, mit der tauben Katze Schneewittchen Klickertraining zu üben. Aber sie liebt alle Arten von Angeln und Wedeln, die sie jagen und erbeuten kann. Statt eines mündlichen Lobes gibt es dann eine Streicheleinheit oder eine fressbare Belohnung. Wichtig ist bei allen behinderten Tieren nicht nur, dass ihre Besitzer überhaupt mit ihnen spielen, um den Geist zu beschäftigen und das Neugierverhalten zu wecken und zu trainieren. Wichtig ist auch ein Erfolgserlebnis für das Tier. Das stärkt das Selbstbewusstsein und motiviert, mit der Behinderung selbstverständlich umzugehen. Deshalb sollte jede Spieleinheit mit dem Fangen der Beute, mit dem Erobern des Leckerchens und mit Zuwendung enden.

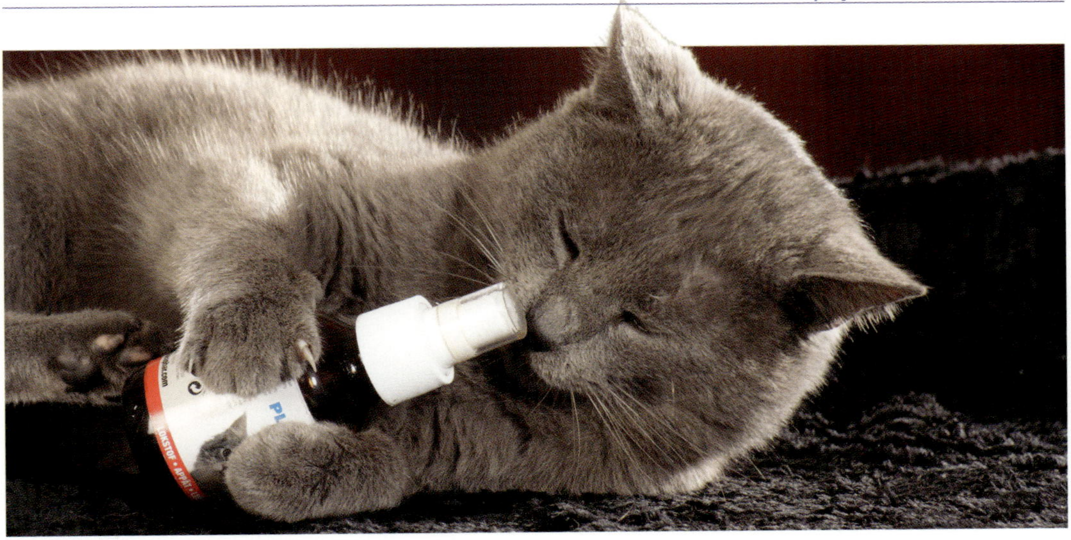

Wer nicht gut sieht, kann riechen.

Katzenminze, Baldrian oder sogar Fenchelteebeutel animieren ihn zum Spielen. Deshalb liebt er Kartons, die mit Zeitungspapier gefüllt und beduftet werden. Vor allem, wenn er zwischen dem raschelnden Inhalt noch Leckerchen suchen und finden muss.

Fußball oder Schach: Teamplayer oder Einzelkämpfer?

Katzenkinder lernen in früher Jugend das Sozialspiel. Und in einer Gruppe oder im Geschwisterverbund spielt meist jeder mit jedem. Das kann sich ändern, wenn aus dem Jungtier eine erwachsene Samtpfote wird. In jedem »Rudel« gibt es körperlich Stärkere und Schwächere, Schlauere und Mutigere, Raufbolde und Sensibelchen. Das mag damit zusammenhängen, wer in der Trächtigkeit die beste Entwicklung erfahren hat, zuerst auf die Welt kommt, sich beim Kampf um Mamas Zitzen den besten Platz sichert oder die meiste Zuwendung erfährt. Auch unter Geschwistern gibt es deutliche Unterschiede im Spielverhalten. Während Oskar und Louis mit ihrer Schwester Toffi balgen, zieht sich Spocky, der Kleinste und Zarteste, wenn es ihm zu viel wird, lieber zu Mama zurück. Er ist eben ein echtes »Muttersöhnchen«. Und auch später, als die Geschwister getrennte Wege gehen, beschäftigt er sich gerne mal alleine mit Denksport. Er ist der Beobachter und Denker, der Tüftler, der gerne ausprobiert. Nach wie vor sind Katerkampfspiele nicht seine Welt. Aber Fummelbretter (s. Seite 51) und Co. liebt er über alles und entwickelt immer neue Strategien, um an die Beute heranzukommen. Seine Schwester Toffi dagegen, als einzige Kätzin unter drei Katern groß geworden, mag auch im Erwachsenenalter noch gerne wilde Verfolgungsjagden über Tische, Stühle und Bänke, über Sofalehnen und durch Rascheltunnel. Und das macht am meisten Spaß mit einer ihrer Artgenossen. Nicht jede Katze spielt gleich – jede hat ihre Vorlieben und Abneigungen. Und das ändert sich noch je nach Tages- und Jahrszeit, Stimmung, Alter und Befindlichkeit. Zu erkennen, zu welchem Spieltyp Ihre Katze gehört, macht es leichter, das richtige Unterhaltungsprogramm zu gestalten.

Typ A Spielertyp Abenteurer

Katziana Jones, Carlo Netzer oder Garfield? Zu welchem Spieltyp gehört Ihre Katze?

Typ A, der Abenteurer der Entdecker, der Neugierige, der Forscher: Muss alles wissen, alles ausprobieren, seine neugierige Nase in alles hineinstecken. Auch auf die Gefahr hin, dass das nicht so ungefährlich ist, wie es auf den ersten Blick scheint. Ist mutig, bringt sich aber auch gerne in Gefahren, zum Beispiel beim Erkundungsgang in der Garage der Nachbarn.

Typ B, der verhinderte Zirkusartist, der Bewegungsfreudige, der Ballkünstler, der begnadete Dribbler, der Mäuschen apportiert, damit sie der Mensch ja noch einmal wirft. Fängt Fliegen im Flug und erklettert höchste Kratzbäume. Spielt bis zur Erschöpfung und übernimmt sich leicht dabei.

Typ C, der Denker, kann solchen verrückten Aktionen nichts abgewinnen, sondern nur leise den Kopf schütteln. Braucht dafür aber Aufgaben, die

Typ B Spielertyp Zirkusartist

er lösen kann. Wie bekomme ich die Kühlschranktür auf? Und wie kann ich das Verbot austricksen, im Bett zu schlafen? Oder wie komme ich schnell an die duftende Belohnung da in der Schachtel?

Typ D, der Kraftprotz und Grobmotoriker. Geht nicht, gibt's nicht. Verpackung vom Baldriankissen? Einfach Krallen einsetzen und aufreißen, nicht lange fackeln. Leckerchen herausfummeln? Zeitverschwendung, wenn man doch die Tüte vom Schrank werfen kann.

Typ C Fußball oder Schach? Teamplayer oder Einzelkämpfer? Spielertyp Denker

Typ D Spielertyp Kraftprotz

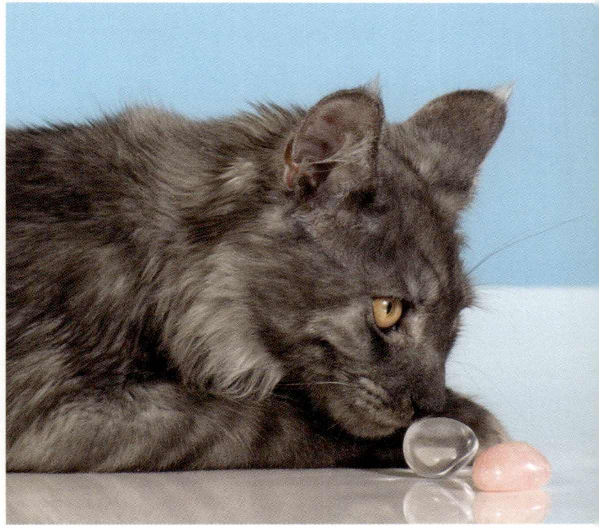

Typ E Spielertyp Snob

Typ E, der Snob. Katzenspielzeug? Mag ja nett für Menschen sein. Eine Katze, die auf sich hält, interessiert das nicht. Sie hat Wichtigeres zu tun: Beobachten, Schmusen, Schlafen. Ende der überflüssigen und anstrengenden Diskussion.
Natürlich lässt sich keine Samtpfote jemals völlig in ein solches Schema pressen. Und sicher haben alle von allem etwas. Aber es fällt auf, dass bestimmte Rassen durch Zuchtwahl nicht nur Körperbau oder Fellfarbe vererbt bekommen. Auch das Verhalten, und eben auch das Spielverhalten, haben damit zu tun. So werden Perser oder Britisch Kurzhaar eher selten unter den Typen A und B zu finden sein. Dafür wahrscheinlich umso mehr Bengalen. Und kaum eine Siam oder Thai wird Typ E entsprechen. Aber Katzen sind ja bekanntlich ohnehin nicht in Schubladen zu pressen – so ist zum Glück alles denkbar.

Kapitel 3

Foul oder Fairplay – nichts geht ohne Regeln

Wenn alle, die mitmachen, Spaß beim Spiel haben sollen, muss es klare Regeln geben, die jeder kennt und jeder akzeptiert. Rückwärts rauswerfen ist ebenso unfein, wie dem Anderen die Beute abzujagen. Das Regelwerk der Katzenetikette lernt der vierpfotige Nachwuchs früh und für das Leben.

Vogel am Stiel, das ist prima Beute.

Alte Katze, junge Katze: Geh weg, du nervst.

Da spiel ich nicht mehr mit

Aber nicht jedes Katzentier beherzigt, was Mutter und Geschwister ihm beigebracht haben. Die neunjährige Katze Dolores zum Beispiel hat einige Jahre nur alleine mit ihren Menschen gelebt. Nun hat sie von ihren besorgten Menschen einen Artgenossen dazubekommen. Tiger ist jung, wild und verspielt. Und er fordert die gemächliche Dolores immer und immer wieder zum Spielen auf. Die aber reagiert immer gereizter. Sie will nicht spielen und schon gar nicht mit diesem aufdringlich-rabiaten Kerl. Was bildet der sich ein? Aus der beiderseitigen Frustration wird schnell Aggression und Angst. Und das macht das Zusammenleben auf Dauer unerträglich.

Spielregel Nummer 1: Gleich und gleich gesellt sich gern

Zu einem älteren, ruhigen Tier ein junges dazuzusetzen, geht selten gut. Zu unterschiedlich sind die Bedürfnisse. Und der Gedanke, dass eine Seniorin vom Spieltrieb der jüngeren Katze angesteckt wird, ist meist leider zu schön, um wahr zu sein. Eher wird eine ältere Katze überfordert, gereizt oder aggressiv reagieren.

Kann, muss aber nicht schön sein: Kinder und Katzen

Es gibt nichts, was Menschenkinder mehr lieben, als Tierkinder. Ein lebendiges, weiches, warmes Spielzeug zum Liebhaben und Herumtragen übt einen gewaltigen Reiz aus. Nur dass samtpfotige Spielkameraden sehr eigene Bedürfnisse haben. Und die auch zeigen. Wenn Katzen Kinder attackieren, sie kratzen und beißen, hat zumeist alles mit einem Missverständnis angefangen. Kaum kann ein Kleinkind krabbeln, reizt das plüschige Fell einer Katze zum Betasten und Festhalten. An Schwanz und Ohren lässt sich prima ziehen. Und natürlich will jedes Kind eine Samtpfote auf den Arm nehmen und drücken wie einen Teddybären. Das aber sind aus Katzensicht grobe Regelverlet-

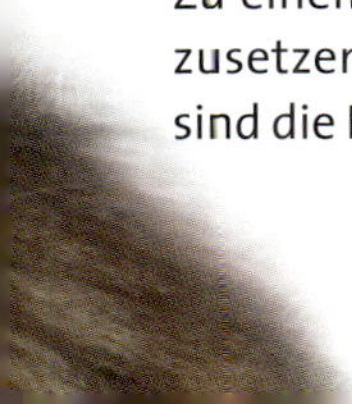

Freundschaft fürs Leben?

zungen und wider alle Absprache. Anfassen geht nur mit Erlaubnis, Festhalten löst den Fluchtinstinkt aus, am Schwanz ziehen tut weh. Je nach Temperament und Grad des Genervtseins fällt die Reaktion des Tieres aus: Meist werden die Krallen ausgefahren. Auf Fauchen folgt Weinen.

Spielregel Nummer 2: Vertrauen ist gut, Kontrolle ist besser

So lange kleine Kinder noch nicht wirklich verstehen können, was eine Katze will oder nicht, sollten beide nicht unbeaufsichtigt alleine bleiben. Menschenkinder können lernen, die Signale eines Tieres zu verstehen und zu respektieren. Und mit zunehmendem Alter steht einer großen Freundschaft und gemeinsamem Spielen nichts mehr im Wege.

Das Gute erhalten: Spielrituale

Immer nachmittags gegen 17 Uhr kommt Kater Ottos Mensch nach Hause. Und dann gibt es eine Spielstunde. Auf die hat Otto, ein Wohnungskater, schließlich auch den ganzen Tag gewartet. Aber in den vergangenen zwei Wochen ist dieses geliebte Ritual immer ausgefallen, weil sein Mensch spät und müde nach Hause gekommen ist. Das irritiert den Kater zutiefst, nicht nur, weil er sich langweilt, auch weil er seinen Bewegungsdrang nicht ausleben kann. Die Folge: Otto versucht, sich die gebührende Aufmerksamkeit zu verschaffen – erst mit zarten Kontaktversuchen und Spielaufforderungen. Und wenn das nichts nutzt, dann eben mit lautstarkem Miauen und Kratzen an den Möbeln. Hauptsache Zuwendung. Manchmal nutzt sein Gequengel und er darf fünf Minuten mit der Angel durch die Wohnung jagen. Manchmal aber geht auch gar nichts außer genervtem Schimpfen. Oh, das ist frustrierend.

Spielregel Nummer 3: Rituale sind wichtig

Katzen sind durchaus Gewohnheitstiere. Sie wissen genau, wann es Futter gibt, wann die Zeit zum Schmusen und zum Spielen ist. Wenn der gewohnte Tagesablauf radikal verändert wird, sorgt das für Irritationen und je nach Temperament – für Aggression oder Rückzug.

Hallo, wo warst du, ich warte schon so lange.

Wann passt es Ihnen denn?

Junge Katzen wollen und können immer toben. Erwachsene oder gar ältere Herrschaften haben schon einen eigenen Lebensrhythmus entwickelt und sind nicht immer mit einem Animationsprogramm zu begeistern. Zum Beispiel wenn der Bauch gerade voll oder die Samtpfote müde ist. Bei der Wahl zwischen Nachmittagsschläfchen auf dem sonnigen Lieblingsplatz oder wilder Spieleinheit muss dann schon etwas Besonderes geboten werden, damit ein müder Minitiger sich locken lässt. Das kann zwei Stunden später schon ganz anders aussehen, wenn Körper und Geist hellwach und bereit für Abenteuer sind.

Spielen? Ich will jetzt schlafen.

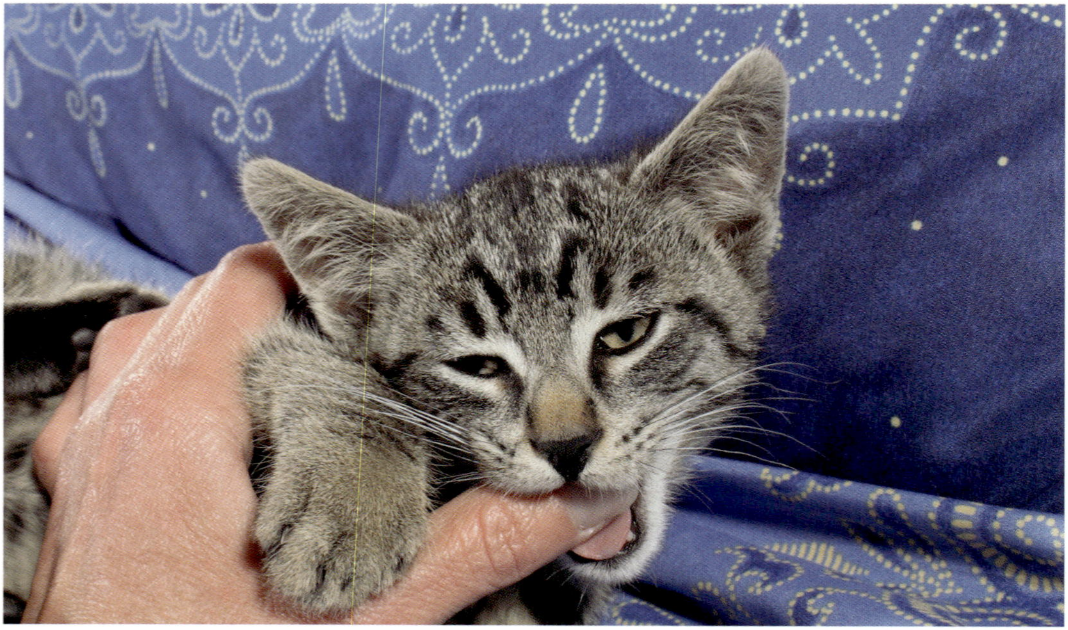

18 Uhr: Ich bin ausgeruht, es kann losgehen.

Spielregel Nummer 4: Hoch-Zeiten nutzen

Wie jedes Lebewesen haben auch Katzen einen eigenen Biorhythmus. Als Jäger sind sie immer dann top in Form, wenn es auch ihre Beute ist: In den Stunden der Morgen- und Abenddämmerung. Nun können sich nur wenige Menschen dazu bequemen, morgens um vier Uhr aus dem Bett zu springen, um eine Spielrunde einzulegen. Abends gegen 18 Uhr geht das schon besser. Und zum Glück sind unsere pelzigen Mitbewohner so großzügig und achten nicht pingelig auf jede Minute.

Öfter mal was Neues

Dieses komische Ding da soll unterhaltsam sein? Gestern noch heiß geliebt, heute schon mega-out. »Nimm dieses Ding mit den Federn da weg, das langweilt mich.« Niemand kann so blasiert dreinschauen, wie eine desinteressierte Katze. Gut, also holt der bemühte Mensch nacheinander Bällchen, Wedel, Spielmäuse, Fummelbrett, Leckerchen und Snacks, aber nichts behagt heute so recht. Was tun? Selber basteln, Spielbücher lesen, in den Katzensupermarkt laufen, um etwas Neues zu erstehen?

Spielregel Nummer 5: Abwechslung macht das Leben bunter

Für die wachen Sinne und den regen Geist der Katzen kann es gar nicht abwechslungsreich genug sein, jedenfalls nicht beim Thema Unterhaltung. Aber auch das Lieblingsspielzeug kann irgendwann langweilen. Besser ist es, das einfach mal zwei Wochen zu verstecken und dann erst wieder hervorzuholen. Das erhöht die Attraktivität deutlich.

Zusammen spielen kann schön sein – wenn ein paar Regeln beachtet werden.

Schlusspfiff

Junge Wilde übernehmen sich im Eifer des Gefechts leicht. »Spiele ohne Grenzen« könnte ihr ureigenstes Motto sein. Und dabei überschätzen sie manchmal die eigenen Kräfte. Auch kranke oder rekonvaleszente Tiere sollten nur gemäßigt spielen. Dabei muss der Mensch manchmal als Schiedsrichter fungieren, der für Erholungspausen sorgt. Erwachsene gesunde Katzen dagegen wissen meist selbst, wann es genug ist. Sie reagieren zunehmend langsamer und wenden sich schließlich ganz ab.

Spielregel Nummer 6: Abkühlungsphase einbauen

Aufzuhören, wenn es am Schönsten ist, das ist bei Katzen keine gute Maßnahme. Jagd- und Beutespiel setzen erhebliche Energie frei. Für ein Tier, das vom spielerischen Jagdeifer gepackt ist, muss unbedingt auch ein Erfolgserlebnis den Abschluss bilden, also das Fangen der Beute. Lob und eventuell ein Leckerchen sollten eine Abkühlungsphase einleiten, die dann auch in Streicheleinheiten übergehen kann.

Kapitel 4

Die Qual der Wahl

Und wo steht Ihre? Sie haben doch eine, oder? Jeder Katzenbesitzer, der etwas auf sich hält, hat sie. Der eine verschämt in der Abstellkammer, der andere offen im Wohnzimmer. Und wie sie aussieht, verrät dem geschulten Auge schon einiges über Mensch und Katze und ihre Beziehung.

Die Spielkiste

Wovon die Rede ist? Natürlich von der Spielkiste. Die tarnt sich manchmal als schnöder Karton, als Tüte gar. Manchmal kommt sie auch nobel als Korb aus Weide daher. Und darin liegt alles, von dem Menschen meinen, dass es eine Katze glücklich macht: Rund 15 bunte Bällchen, vier bis fünf Federangeln, zwei Wedel, drei Baldriankissen, wahlweise auch Catnip-Spielzeug, die obligatorischen Fellmäuse, zerfleddert und besabbert und zu Tode gespielt. Dann sicher noch Kordeln, Schuhbänder, Murmeln, Kastanien, Korken. Nichts vergessen?

Katzenhalter sind ihr Leben lang auf der Suche nach Abwechslung für ihre pelzigen Lebensgefährten. Bei jedem Besuch im Zoomarkt werfen sie heimlich und verstohlen einen Blick in die Spielzeugabteilung. Könnte ja sein, dass es etwas Neues gibt. »Eigentlich habe ich ja schon so viel gekauft. Aber dieses bunte Futterbällchen soll ja auch die Intelligenz ansprechen und ist außerdem gut für die Figur von Kater Paul.« Und schon wird es voller Vorfreude nach Hause getragen. An glücklichen Tagen lässt sich Paul wohlwollend herab, das neue Spielzeug zu begutachten und es drei- oder viermal anzutatzen.

Holzspielzeug darf keine Schadstoffe enthalten.

Bälle gehören in jede Spielkiste.

An weniger glücklichen schaut er konsterniert und scheint zu fragen: Und was soll mir das? Dann wandert das neue Bällchen zu den vielen anderen in die Spielkiste. Dort trägt es dazu bei, dass sich Wedeln und Angeln und Mäuse noch mehr verheddern und beim Suchen wieder mal nichts zu finden ist.

Was würden Katzen kaufen?

Wenn Sie selbst auf Einkaufstour gehen könnten, würden die Feliden wohl ganz anders auswählen als wir Menschen. »Bunt« zum Beispiel ist ein Kriterium für Zweibeiner, aber nicht für Vierpföter. Denn sie nehmen längst nicht alle Farben wahr, die der Mensch sieht. Dafür können sie viele schöne Grautöne sehen, die uns eher unattraktiv erscheinen. Katzen würden ganz sicher auf andere, wichtige Kriterien achten: Bewegt es sich? Hoppelt es, springt es, fliegt es? Macht es raschelnde, piepsende oder flatternde Geräusche? Riecht es interessant? Kurz, hat es irgendetwas, das an Beute erinnert? Lässt es sich belauern, jagen, packen? Dann hat es das Zeug für eine ideale Spielstunde. Vielleicht ähnelt es aber auch einem Mauseloch, einer Spalte, einem Busch? Kann man mit den Pfoten hinein und darin herumangeln? Auch das klingt nicht übel. Gutes Spielzeug, schlechtes Spielzeug, das ist

Was macht gutes Spielzeug aus?

Es passt ins Beuteschema, hat also eine Form wie ein Beutetier. Oder es macht charakteristische Beutebewegungen, es flattert, schlängelt, trappelt, fliegt wie ein Vogel oder ein Wurm oder eine Maus. Oder aber es riecht interessant und stimulierend, wie Baldrian und Katzenminze oder viele andere Düfte aus der Natur. Da sind die Vorlieben höchst unterschiedlich. Gutes Spielzeug erlaubt der Katze, alle ihre Instinkte auszuleben. Es fördert und fordert Geist und Körper. Mit gutem Spielzeug kann sich ein Tier alleine beschäftigen, es erlaubt aber auch die Interaktion mit dem Menschen. Und last but not least: Gutes Spielzeug ist robust und übersteht die Attacken der Katzen länger als zehn Minuten.

Futterbällchen sollen ja gut für die Figur sein.

Bist du von einem anderen Stern?

grundsätzlich eine Frage des Geschmacks. Und zwar des Geschmacks der Katzen, wohlgemerkt. Leider wird Spielzeug oft von Menschen für Menschen entworfen und produziert. Sie sind es ja auch, die angesprochen werden, wenn es um den Kauf geht. Also gibt es so manches, das zwar den Menschen entzückt, aber seine Katze nicht. Ein Restrisiko bleibt immer: Ob eine Samtpfote etwas neu Mitgebrachtes mag oder nicht, kann niemand mit absoluter Gewissheit vorhersagen. Was Paul nicht gefällt, begeistert seinen Kumpel Toby. Womit der gerne stundenlang spielt, lässt Gina kalt. Und Flimpi spielt einfach mit allem, ganz gleich, was es ist.

Tipp: Dekoration – schön, aber gefährlich

Oh, ist das verlockend. Es glitzert, baumelt, raschelt. Nicht ist schöner, als Weihnachtsdekoration. Mit der lässt sich wunderbar spielen. Kugeln aus dem Baum holen, an dem Lametta zerren, mit Geschenkbändern toben oder an Schneespray lecken – das macht Katzen großen Spaß, kann aber zu Unfällen und Vergiftungen führen. Deshalb sollte alle Weihnachtsdekoration so aufgehängt und angebracht werden, dass sie für das Tier nicht zu erreichen ist.

Weihnachtsdekoration ist kein Spielzeug.

Achtung Gefahr

Wie bei Kinderspielzeug gilt es auch bei Tierspielzeug, über das Thema Gefahren nachzudenken. Dass alles, was scharfkantig oder zerbrechlich ist, nicht in Katzenpfoten gehört, ist klar. Glas oder Metall ist auch bei Selbstgebasteltem tabu. Für Textilien, Kunststoffe oder Holz gilt: Weniger ist mehr. Also weniger bunt, dafür mehr unbehandelte Naturmaterialien ohne Appretur, ohne Lackierung, dafür lieber gut zu reinigen. Aber selbst vermeintlich Harmloses kann Gefahren bergen. Mit Kopf oder Pfote irgendwo hineinkommen, heißt nicht automatisch, auch wieder hinauskommen. Vor allem Katzenkinder reagieren leicht panisch, klemmen sich ein, verheddern sich.

So können auch vermeintlich völlig harmlose Papiertüten zur Gefahr werden, wenn die Henkel nicht abgeschnitten sind. Alle Bindfäden, Kordeln, Wollfäden, raschelnden Alupapiere oder Verpackungsmaterialien werden gerne bespielt, aber teilweise auch angenagt oder möglicherweise verschluckt. Gesund ist das leider nicht und deshalb sollten solche Dinge nur unter Aufsicht zum Einsatz kommen. Nicht zu sprechen von der langen Liste der Zimmerpflanzen, die zwar hübsch und farbenfroh blühen, aber häufig giftig für Katzen sind. Auch alle Teile von Spielzeugen, die abgerissen, abgebissen oder verschluckt werden können, sind mit Vorsicht zu betrachten. Das gilt für Mauseschwänze ebenso wie für Glasaugen von Plüschtieren. Und selbstverständlich sollte alles, was beleckt wird oder in Kontakt mit Schleimhäuten kommt, ungiftig sein, nicht anders als bei Kinderspielzeug auch.

Viele Zimmerpflanzen sind schön, aber ungesund für Katzen.

Kaufen oder selber machen?

Das ist schon fast eine Glaubensfrage. Wer Spaß hat an handwerklichen Tätigkeiten, wer gerne bastelt, schraubt, sägt, klebt, malt, wer kreativ ist und mit Lust Neues ausprobiert, der kann auch für seine Miniaturtiger viel Schönes und Unterhaltsames gestalten. Der große Vorteil: Selbstgebasteltes ist oft preiswert. Da tut das Entsorgen weniger weh, wenn es dem verwöhnten Katzentier wieder einmal nicht gefällt. Aus Kartons oder allen Arten von Pappe, aus Zeitungspapier, Wäschekugeln oder Joghurtbechern, aus Kordeln, Zweigen, Pfeifenreinigern, aus Schachteln, dem Innenleben von Geschenkpapier oder Küchenrollen, aus allem, was sich im Haushalt finden lässt, kann der geübte Bastler etwas machen. Viele Beispiele dafür finden Sie ab Seite 40.

Hinter dem gekauften Spielzeug im Zoofachhandel stecken dafür professionelles Produktdesign und -entwicklung. Und so manches »Turngerät« für Samtpfoten lässt sich auch nur schwer in Eigenregie nachbauen. So setzen die meisten Katzenhalter auf beides, auf gekauftes und selbst kreiertes Spielzeug. Sie wissen ja, Abwechslung ist alles und öfter mal was Neues gefällt allen Pelzträgern.

Die meisten Wedel sind bunt – damit der Mensch sie kauft.

Für kluge Köpfe, flinke Fummler und schlaue Jäger

Katzen sind nun mal wasserscheu, das weiß jeder. Nun gut, Tiger sind zwar dafür bekannt, gute Schwimmer zu sein und Beute auch im Wasser zu machen. Aber die Großkatze ist eben doch eine sehr entfernte Verwandte. Und die Vorfahrin unserer heutigen Hauskatzen, die afrikanische Falbkatze, bewohnt schließlich heiße, extrem wasserarme Gegenden. Woher sollte sie also Wasserfreuden kennen?

Guten Tag, wir sind der Wassersportverein Katzenbach.

Ideen für Aquanauten

Für die meisten ihrer Nachkommen gilt tatsächlich auch, dass sie Baden eher skeptisch sehen und Schwimmen für eine extrem seltsame menschliche Tätigkeit halten. Eine berühmte Ausnahme bildet da wohl nur die Rasse Türkisch Van, die ja auch »Schwimmkatze« genannt wird. Aber nicht nur sie spielen gerne mit Wasser.

Wasser ist schön zum Toben, vor allem immer dann, wenn es sich bewegt und Wellen macht, seien sie auch noch so klein. Oder wenn es fließt und plätschert.

Schon so mancher Katzenhalter konnte sich daran erfreuen, sein Tier dabei zu beobachten, wie es im Spülbecken saß und versuchte, aus dem laufenden Wasserstrahl zu trinken. Dabei tatzen die Katzen den Wasserstrahl vorsichtig an und versuchen, ihn zu fangen.

Spieltipp: Schiffe versenken

Nehmen Sie eine Schüssel oder einen Napf und füllen ihn mit Wasser. Dann legen Sie etwas, das leicht schwimmt, etwa einen Tischtennisball, hinein. Bewegen Sie mit der Hand die Wasseroberfläche.

Für fortgeschrittene Wasserratten wie Kater Paul eignet sich diese Variante: Setzen Sie leere, möglichst flache Plastiktöpfchen von Joghurt, Quark oder Feinkost in eine große Glasschüssel, die mit Wasser gefüllt ist.

Legen Sie das Lieblingsleckerchen hinein und beobachten Sie, welche Techniken Ihre Mieze anwendet, um an die begehrte Belohnung zu kommen. Paul versucht zuerst mit schierer Pfotenkraft, die Töpfchen zu Boden zu drücken. Nachdem die Methode »Schiffe versenken« aber nicht zum Erfolg, sondern nur zu nassen Beinen führt, zieht er vorsichtig mit der Pfote das Boot ans Ufer und schleudert geschickt sein Objekt der Begierde nach draußen.

Tipp: Trinkbrunnen

Viele Tiere, die wenig bis gar nicht trinken, lassen sich von einem Brunnen spielerisch locken und motivieren. Offensichtlich weckt das leise Plätschergeräusch ihre Neugier und sie schnuppern, pföteln, lecken, wobei oft Spiel und Trinken ineinanderübergehen.

Manche lecken sich die Pfoten ab, andere halten schließlich den Kopf in den Strahl und trinken. Offensichtlich ist Wasser in Maßen also doch gar nicht so schlecht, sondern durchaus faszinierend. Das lässt sich nutzen: Für schöne Spielideen, aber auch, um sein Tier dazu zu bringen, mehr Flüssigkeit aufzunehmen. Das ist vor allem bei Fans von Trockenfutter extrem wichtig.

Du siehst mich nicht, ich seh dich doch

Kater Max und seine Besitzerin haben ein besonderes Ritual: Sie spielen Verstecken im Garten. Und das geht so: Mäxchen verschwindet unter einem Busch und lauert. Seine Halterin tut so, als ob sie ihn nicht sehen würde und nähert sich wie unabsichtlich. Kaum ist sie bei ihm angekommen, saust der Kater mit großer Geschwindigkeit unter dem Busch vor und wird dann spielerisch durch den Garten gejagt. Solche Verfolgungsjagden inszenieren schon junge Katzen untereinander und sie lassen sich natürlich auch in jeder Wohnung veranstalten. Sehr schön sind dabei zusätzliche Hindernisse, wie Kartons, Treppen oder Regale, in oder hinter denen es sich herrlich verstecken lässt. Und das Schöne daran: Es heitert auch für Menschen noch die langweiligsten Haushaltsarbeiten auf. Das Belauern und Anschleichen ist Teil des angeborenen Jagdinstinkts. Es lässt sich spielerisch in vielen Formen ein- und umsetzen. Dazu eignen sich draußen ebenso Büsche oder wetterfeste Katzenhöhlen, wie drinnen Spieltunnel, Weidenkörbe, Kartonhöhlen, Gardinen und Vorhänge.

Spieltipp: Selbstgemachtes Duftspielzeug

Füllen Sie einfach ein Taschentuch mit geschnittener Baldrianwurzel und knoten es zu. An eine Kordel gebunden, haben Sie die einfachste Form einer Spielangel. Manche Katzen lieben sogar Fenchel- oder Pfefferminzteebeutel, die Sie ebenfalls an eine Schnur binden können.

Baldrian macht so gut gelaunt.

Oh, wonach duftet es denn hier?

»Iih, stinkt wie zu lange getragene Socken ...« So mancher Mensch rümpft die Nase bei diesem Geruch. Auch »alter Käse« beschreibt diesen Duft recht zutreffend, der für uns Menschen eher stinkt. Die meisten Katzen dagegen lieben Baldrian. Der Duft stimuliert sie und versetzt sie in einen Rauschzustand. Spielzeug, das mit Baldrian gefüllt ist, wird mit allen vier Pfoten gepackt, abgeleckt, bis es nass ist, in die Luft geworden, mit den Hinterpfoten getreten, an den Bauch gedrückt. Bis die Wonne nach einiger Zeit nachlässt. Katzenbesitzer, die eine Baldrianpflanze im Garten haben, berichten, dass ihre Tiere sogar versuchen, die Wurzeln auszugraben. Auch sehr beliebt ist die echte Katzenminze, die überdies hübsch blüht. Allerdings reagiert längst nicht jede Samtpfote so stark darauf, wie auf den Baldrian. Beides gibt es in geschnittener und getrockneter Form zu kaufen. Aber auch andere Düfte sind interessant und bieten eine willkommene Abwechslung im Alltag, vor allem für Stubentiger. Lassen Sie Ihre Katze ruhig mal an einer Rosenblüte schnuppern, an dem blühenden Zweig eines Baumes oder an Lavendel und testen Sie die Reaktion. Vorsicht jedoch bei ätherischen Ölen in Duftlampen. Die können, wenn sie aufgeleckt werden, leicht zu Vergiftungen führen.

Natürlich, praktisch, gut

Für Freigänger sind viele Reize selbstverständlich. Sie bewegen sich durch eine Welt voller Geräusche, Bewegung, Licht und Gerüche. Wohnungskatzen fehlt alles das. Damit fallen Anregungen weg, die eigentlich zum Katzenleben gehören. Das können Sie ausgleichen, wenn Sie von draußen ganz natürliches Material mitbringen, das die Neugier weckt und das sich gründlich beriechen und betatzen lässt. Wenn es sich dann noch bewegt, dann ist es um so besser. Dafür bietet sich der Herbst als Jahreszeit geradezu an. Denn jetzt fallen die schönsten Spielzeuge geradezu von den Bäumen. Trockene Blätter tragen nicht nur noch den Duft des Sommers, sie rascheln auch ganz wunderbar. Beim Spaziergang gesammeltes Laub, einfach in einen Karton gefüllt, bildet schon mal

Spieltipp: Ich hol die Maus da raus

Nehmen Sie alte Kartons und schneiden Sie mit Schere oder Papiermesser verschiedene Löcher und Ausgänge hinein. Ist die Katze hineingekrochen, fahren Sie mit einem Federwedel schnell durch die verschiedenen Löcher und ziehen den Wedel wieder zurück. Auch Wedel, die schnell unter Teppichen oder Decken hin und her bewegt werden, haben einen großen Spielreiz. Immer wieder wird die Katze versuchen, mit den Pfoten zuzupacken. Auch schön: Papier, etwa Zeitungen oder Geschenkpapier. Locker zusammenfalten und unter der Oberfläche mit einem Wedel darin herumfahren und Raschelgeräusche verursachen, garantiert schönsten Spielspaß.

Hallo, ich bin ein Papiertiger.

Hallo, ist da drin noch jemand?

Spieltipp: Kullern und klackern – Nüsse und Kastanien

Dribbler, Pfötler, Ballfans werden daran ihre helle Freude haben. Alle Arten von Nüssen oder Kastanien lassen sich wunderbar in der ganzen Wohnung umherschieben und schießen. Sie sind ein prima Ballersatz, der vor allem auf Holzböden, Parkett oder Laminat Geräusche macht und sehr schön klackert. Noch dazu gewähren die den Katzen das Vergnügen, ihre Menschen unter Sofas, Betten, Schränke kriechen zu sehen, um das Spielzeug von dort wieder hervorzuholen. Als Ballersatz können diese Früchte aber auch in allen Arten von Spielschienen oder Rondellen eingesetzt werden, in denen sonst eine andere Kugel rollt und bewegt werden muss.

eine schöne Grundlage für Suchspiele. Denn darin lassen sich ebenso Lieblingsspielzeuge wie Leckerchen verstecken, suchen und finden.

Besonders große Blätter können sich mittels Schnur in Flugdrachen verwandeln. Kleine Zweige oder Äste bilden eine gute Basis für alle Arten von selbst gebastelten Angeln. Und das Schöne daran: Solche Spielzeuge sind nicht nur garantiert ungefährlich. Wenn Sie wider Erwarten eben doch nicht gefallen, können sie schnell und ohne Verlust entsorgt werden.

Einpacken, Auspacken

Papier übt auf viele Minitiger einen unwiderstehlichen Reiz aus. Das Rascheln und Knistern elektrisiert geradezu. Ob Bälle aus Papier oder Einkaufstüten, ob Kartons oder Verpackungen, alles lässt sich spielerisch umfunktionieren. Besonders Bildungshungrige und Leseratten können sich auch mit Zeitungen vergnügen. Kätzin Karin zum Beispiel hat ein Morgenritual, ohne dass sie keinen Tag beginnt: Sie kämpft mit der Morgenzeitung. Nicht mit irgendeiner, wohl

gemerkt. Nein, nur eine hat es ihr angetan und diese muss es sein: Nach ihr wird mit der Tatze geschlagen, gebissen und sie wird lustvoll unter Knurren und Grollen zerfleddert. Ob es wohl die rosa Farbe ist, die ihr Missfallen erregt? Ob das dünne Papier so besonders schön und anders raschelt? Oder ob ihr gar der Schreibstil bei der Berichterstattung nicht behagt? Sicher ist nur eines: Alle Versuche, sie auf die »TA(T)Z« umzulenken, sind bisher gescheitert.

Fast so schön, wie echte Beute

Damit spielt fast jede Samtpfote und deshalb gibt es auch eine große Vielzahl von Federwedeln und Federangeln. Offensichtlich werden sie instinktiv als Beute identifiziert, anders lässt sich die kätzische Vorliebe für den Vogelersatz nicht erklären. Auch hier sind die meisten schön bunt, manche mit zusätzlichen Metallstreifen zwischen den Federn versehen. Aber es gibt auch Wedel aus reinen Naturmaterialien. Wegen ihrer Beliebtheit sind sie gut geeignet, um auch Spielmuffel, ältere oder ängstliche Tiere zu motivie-

ren. Denn sie passen eben nicht nur bestens ins Beuteschema, sie lassen durch den Stab auch immer eine gewisse Distanz zwischen der menschlichen Hand und dem Tier. Sehr ängstliche, scheue oder unzugängliche Katzen lassen sich dadurch gewinnen, dass sich der Mensch zu ihnen auf den Boden setzt, den Blickkontakt vermeidet und über den Einsatz des Wedels Kontakt aufnimmt. Die sanfte Berührung der Federn dulden meist auch extrem ängstliche Tiere, irgendwann ist dann der Bann gebrochen.
Die Katze spielt mit dem Wedel. Ein erster wichtiger Schritt ist getan, um Vertrauen zu gewinnen. Diese Wedel gibt es auch mit Schnüren, bunten Bändern oder Lederstreifen statt Federn am Ende. Das ist eine hübsche Abwechslung, weil damit ein zusätzlicher Bewegungsreiz erzeugt wird, der die Katze animiert, danach zu tatzen. Spielernaturen wie Kätzin Flimpi können dadurch zu echten Zirkuskunststückchen animiert werden. Sie springt hinter dem Wedel her auf Stühle, auf den Kratzbaum, saust durch den Tunnel oder macht Männchen, um an ihn heranzukommen. Apropos: Nicht verzweifeln, wenn die Lebensdauer dieses Spielzeugs nicht allzu lange ist. Sehen Sie das einfach als Verbrauchsmaterial, Ihre Katze tut es auch.

Angeln, ohne zu fischen

Nach Wedeln stehen auch alle Arten von Spielangeln ganz oben auf der Hitliste. Es gibt sie in unterschiedlichsten Formen und Ausführungen. Etwa mit kleinen Plüschtieren wie Mäusen am unteren Ende, die oft bewegliche Arme und Beine haben. Oder mit Federn aller Art. Wenn die noch an einer Öse lose aufgehängt sind, machen sie zusätzlich reizvolle Flattergeräusche, wie der »Da Bird« (s. Seite 78). Oder sie imitieren Bewegung und Flugeigenschaften von Beutetieren, wie der »Dragonfly« (s. Seite 81).

Tipp:

Glöckchen, die an vielen Wedeln und Angeln zusätzlich befestigt sind, verstören die meisten Samtpfoten eher, denn das penetrante Geklingel ist nichts für empfindliche Katzenohren. Zum Glück lassen sich die Glöckchen aber meist leicht abschneiden.

Da alle Angeln den großen Nachteil haben, sich nicht zu bewegen, wenn sie kein Mensch am anderen Ende in der Hand hält, sind findige Produktentwickler auf die Idee gekommen, motorgetriebene Angeln zu entwickeln. Oft ist es dann eine tierähnliche Figur, manchmal auch ein schlichter Kegel, der als Halterung für eine oder mehrere Angeln dient. Und auch hier sind die Bewegungen nicht vorhersehbar. Die Katzen können nicht abschätzen, in welche Richtung sich das Spielzeug bewegen wird, das erhöht den Reiz und verlangt schnelle Reaktionen. Achten Sie aber beim Kauf darauf, dass der Motor wirklich nur sehr leise Geräusche macht, sonst wirkt das Ganze eher abschreckend.

Spieltipp: Cat Dancer

Gutes Spielzeug muss weder teuer, noch kompliziert sein. Es sollte nur eines: Den Spieltrieb wecken. Und das gelingt am leichtesten, wenn es ins Beuteschema passt. Das tut der »Cat Dancer« oder Katzentänzer ganz hervorragend. Und er ist ebenso einfach, wie genial. Wie so manches gute Spielzeug kommt er ursprünglich aus den USA. Seinen Namen verdient er zu Recht, denn dieser dünne, extrem gebogene Stahldraht mit den Korkstückchen am Ende imitiert aufs Schönste die Zick-Zack-Flugbewegungen eines Schmetterlings, einer Fliege oder einer Libelle. Den fast unsichtbaren Stahldraht nehmen die Katzen nicht wahr, umso mehr die Beutebewegung. Da kann keine Samtpfote ruhig sitzen bleiben und zuschauen. Sie springt und hüpft hinter den Korkstückchen hinterher. Angenehmer Nebeneffekt für Menschen: Mit dem Cat Dancer lässt es sich auch bequem vom Sofa aus spielen. Lästiges Kriechen unter Schränke und Tische, um Bälle zurückzuholen, entfällt.

Angel mit Motor.

Spieltipp: Fußball für Einsteiger

Die schnelle Bewegung des Balles, verbunden mit dem Geräusch, übt auf viele Katzen einen großen Reiz aus. Um es schwieriger zu machen, an den Ball zu gelangen, gibt es eine ganze Anzahl von Spielzeugen, bei denen Bälle in Schienen oder in Rondellen laufen. Manche Katzen lieben übrigens auch Seifenblasen, hinter denen sie herjagen können.

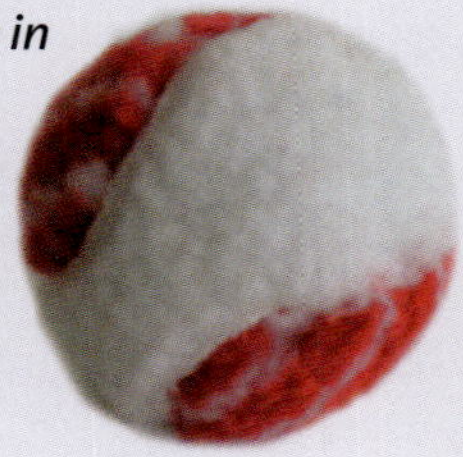

Schlängeln, wie ein Wurm: Kordeln und Bändel

Wenn Gina, zwölf Jahre alt, auf die Frage antworten könnte, was ihr Lieblingsspielzeug ist, dann würde sie ganz klar antworten: Bändel. Und unter all den Paketkordeln, Bindfäden, Lederschnüren, Luftschlangen und Geschenkbändern, die sie heiß und innig liebt, ist eines ihr absoluter Favorit. Ein kräftiges Schuhband von einem winterlichen Schnürschuh, ebenso pechschwarz wie sie selbst. Für dieses Schuhband lässt sie alle damenhafte Haltung fahren und saust ihm nach, wenn es über den Boden gezogen wird. Tatsächlich hat es ja auch eine gewisse Ähnlichkeit mit einem großen, dicken Regenwurm, wie es sich da so über den Fußboden schlängelt. Gina liebt es, den Schnürsenkel immer wieder mit der Pfote festzuhalten, hochzuwerfen und hineinzubeißen. Sie holt ihn aus Kartons und unter der Bettdecke hervor. Und wenn sie besonders gut gelaunt ist, dann darf am anderen Ende Kätzin Flimpi mit ihr Tauziehen spielen.

Der Ball ist rund, na und?

Ob aus Wolle, aus Gummi oder Kunststoff, aus Holz oder Glas. Ob so groß, wie eine Murmel, ein Tischtennis- oder Golfball: Paul liebt sie alle. Hauptsache rund. Er ist ein begnadeter Taktiker, ein Künstler am Ball, ein Dribbler, wie es ihn selten gibt. Er beherrscht Hackentricks und Täuschungsmanöver, punktgenaue Pässe und Flanken. Kurz, er ist der geborene Fußballer. Und wenn er auch sonst eher gemütlich veranlagt ist, für Kugelrundes kriecht er auch unter das Sofa, um es wieder hervorzuholen und erneut irgendwo hinzuschießen. Er wird zum schwarzweißen Blitz mit flinken Pfoten, ein Mesut Özil der Katzenwelt.

Die hohe Kunst der Strategie oder: Spielzeug für Denker

Intelligenzbestie oder Kraftpaket, Grobmotoriker oder Schöngeist, Naturbursche oder Liebhaber von Denksport? Welcher Typ ist Ihre Katze? Sicher werden die Miezen mit zunehmendem Alter ruhiger und gesetzter. Der Bewegungsdrang nimmt ab, dafür nimmt so manches Wehwehchen zu. Wildes Toben ist für Senioren nicht mehr so attraktiv, wie für Katzenkinder. Aber es gibt auch Jungtiere, die mit den eher rabiaten Spielen der Artgenossen nicht mithalten können oder wollen. Sie gehören oft zu den Denkern, den Tüftlern, denen keine Aufgabe zu schwer sein kann, wenn sie etwas erreichen wollen. Sie brauchen viel Aufmerksamkeit und Abwechslung, um ihren regen Geist zu beschäftigen. Und sie sind es meist, die den Trick herausfinden, wie sich die Kühlschranktür öffnen lässt, ohne dabei aufzufallen. Nicht mal, weil sie unbedingt hungrig sind. Nein, sie reizt die Herausforderung und ihr Antrieb ist eine unstillbare Neugier. Ob jung oder alt, für solche Charaktere sind Spielzeuge bestens geeignet, die einen klugen Kopf und strategisches Denken erfordern. Wenn dann noch ein zusätzlicher Futterreiz lockt, ist das auch nicht zu verachten. In diese Kategorie fallen die so genannten »Intelligenz-Spielsachen«, wobei hier natürlich die Intelligenz des Spielers gemeint ist. Allen gemeinsam ist, dass sie mit etwas locken: einem Leckerchen, einem Spielzeug, einer Belohnung, an die die Katze unbedingt herankommen will. Aber der Weg zum Ziel ist weit und wird absichtlich beschwerlich gestaltet. Schließlich soll der Spielspaß ja nicht gleich wieder vorbei sein. Zugegeben, die Hundeszene war hier schneller und kennt »Intelligenz-Spielsachen« schon länger. Nur geht beim Hund vieles über seine Wunderwaffe, die Nase. Spiele basieren also oft darauf, dass etwas erschnüffelt und dann erobert werden muss. Tests haben gezeigt, dass Katzen anders ticken. Optische Reize haben einen größeren Stellenwert als geruchliche. Und vor allem kommt es auch hier wieder darauf an, natürliches Jagdverhalten zu imitieren.

Geduld ist eine Katzentugend. Wenn Kater Wölfi eine Maus ausgemacht hat, dann kann er lange, sehr lange, vor ihrem Mauseloch sitzen und scheinbar unbeteiligt vor sich hin dösen. Aber bei der kleinsten Bewegung des unvorsichtigen Nagers langt die schwarz-weiße Pfote unerbittlich zu. Das Herausangeln von etwas aus einem Loch oder einer Spalte ist für fellige Jäger eine Kleinigkeit. Dank ihrer ungeheuer beweglichen Pfoten mit den scharfen Krallen können sie hervorragend zupacken und festhalten. Manche Tiere haben offensichtlich sogar großen Spaß daran, ihre Mäuse, echte oder solche aus Plüsch, immer wieder in eine Ecke oder unter Schränke zu treiben, nur um sie daraus wieder hervorzuholen. Dabei zeigen sie zwar vollen Körpereinsatz, aber das Wichtigste sind doch die Vorderpfoten, die als Werkzeuge benutzt werden. Diese Erkenntnis macht sich ein Spielzeug zunutze, das die Katzenspielzeuglandschaft revolutioniert hat: das Fummelbrett.

Cat Activity Fun Board.

Was die Schwedin Nina Ottosson für die Hunde, hat Helena Dbaly aus der Schweiz für die Katzen geschafft. Beide haben Spielzeug entwickelt, das einen wahren Siegeszug angetreten hat. Ein von Helena Dbaly entworfenes Fummelbrett, das Cat Activity Fun Board gibt es im Handel zu kaufen. Es besteht aus mehreren unterschiedlich großen und engen Modulen, bei denen die Katzen Zunge, Pfoten und Nase einsetzen müssen, um an Futter oder Leckerchen zu kommen. Das verlangt Überlegung, ganz klassisch Versuch und Irrtum und wieder Überlegung. Und es ist hervorragend geeignet, um die Tiere zu beschäftigen, auch wenn der Mensch nicht dabei ist. So unterschiedlich Pitt und Jerry auch sind und so unterschiedlich sie auch spielen: Ihr Fummelbrett lieben beide – und sie benutzen es gemeinsam. Ganz friedlich, ohne Futterneid. Denn die Konzentration auf die Aufgabe ist stärker als alle Animositäten. Deshalb bietet es sich auch an, solches Spielzeug einzusetzen, um den Haussegen wieder gerade zu bekommen, wenn er einmal schiefhängt. Zusätzlich praktisch: Das Brett lässt sich wegen seines Kunststoffmaterials leicht reinigen.

Wem gekauftes Spielzeug zu schnöde ist und wer Spaß am Basteln hat, der kann mit viel Kreativität und etlichen Sachen aus dem Haushalt Fummelbretter selbst entwerfen. Dazu genügen schon leere Eierkartons, Papierrollen, Korken, leere Joghurt- oder Quarkbecher, Plastikbecher oder Paketkordel, aus denen sich ein »Pfotenhindernisparcours« bauen lässt. Der Phantasie sind keine Grenzen gesetzt, der Spielfreude auch nicht, siehe Seite 61.

Fitnesstraining für Moppel

Angenehmer Nebeneffekt aller Spielkästen, Spielschienen und Fummelbretter, in denen sich Futter oder Belohnungen verstecken lassen, ist der, dass sie mit Aufwand erarbeitet werden müssen. Futter wie ein Staubsauger aufsaugen oder in sich hinein schlürfen, ist dabei unmöglich. Das tut auch der Figur von Garfield-Fans gut. Ein ähnliches Prinzip verfolgen Futter- oder Snackbälle. Aus kleinen Öffnungen fallen Bröckchen – immer dann, wenn der Ball angestupst wird und sich bewegt. Mühsam für die Katze, aber gut für die Figur.

Manege frei, die Artisten kommen

Ja, es gibt sie, diese grässlich langweiligen Novembertage, an denen es einfach nicht hell wird. Wo sich die Langeweile geradezu bleiern auf jedes Gemüt legt und jede noch so lebensfrohe Katze nörgelig wird. Weil nichts, aber auch gar nichts für Abwechslung sorgt, und alles bekannte Spielzeug heute keine Freude macht. Wie wäre es dann mit einer Zirkusnummer? Wie, Sie glauben auch, dass man Katzen nicht dressieren kann? Das mag ja sein, aber artistische Kunststücke können die Pelzigen schon lernen. Das geht ganz einfach. Funktionieren Sie Ihre Wohnung um, legen Sie Stühle auf den Boden oder zwischen zwei Stuhlsitze ein Brett.

Spieltipp: Selbstgebautes Fummelbrett

Noch immer die schönste und beste Website zum Thema ist die der Erfinderin selbst. Hier gibt es Anregungen in Hülle und Fülle. www.katzenfummelbrett.ch

Agility trainiert den Körper und den Geist.

Gut für schnelle Spielrunden: der Laserpointer.

Bauen Sie einen Hindernisparcours mit Blumentöpfen oder Kunststoffflaschen. Nehmen Sie noch einige umgedrehte Kartons mit katzengroßen Ein- und Ausgängen, reichlich Leckerchen, einen Rascheltunnel, Wedel, Angeln oder Schnüre und wenn sie im Klickertraining sind, hilft auch das. Achtung: Manege frei, Ihr Auftritt. Beginnen Sie damit, Ihre Katze mit dem Wedel oder einer Angel auf einen Stuhlsitz zu locken, dann auf den Boden, durch die Stuhlbeine in den Tunnel. Vom anderen Ende auf die Lehne des Sofas und wieder auf den Boden durch den Flaschenparcours. Weiter geht es: über oder durch die Kartons. Und noch einmal auf den Stuhlsitz. Keine Sorge, das ist schon das auftrittsreife Programm für Könner. Auch erste kleine Schritte sind schon ein großer Erfolg und können ausgebaut werden. Vergessen Sie nur die Belohnung mittels Klicker, Leckerchen oder Streicheleinheit nicht (siehe Seite 69). Sollten Sie ein kätzisches Naturtalent entdecken, können sie sich gleich zu einem Turnier anmelden. Denn es gibt sie schon, die Cat-Agility-Wettbewerbe. Für Interessenten: www.catagility.com

Lichtspiele

Jungkatzen sind erfindungsreich, wenn es darum geht, neue Beschäftigungsmöglichkeiten zu entdecken. Und wenn es so gar nichts gibt, mit dem sich etwas anstellen lässt, dann kann auch der eigene Schatten an der Wand oder der einer Mitkatze gejagt werden. Hauptsache, er bewegt sich. Und das ist auch das große Plus eines anderen beliebten Unterhaltungswerkzeuges, des Laserpointers. Frust und Freude liegen hier eng beisammen. Denn das Jagen des geheimnisvollen Lichtpunkts macht allen Katzen Spaß. Monty, ein kleiner Grautiger von wenigen Monaten, kann das geheimnisvolle Dings so lange jagen, bis er völlig erschöpft ist – ohne es jemals fangen

Nein, das ist nicht die Sendung mit der Maus.

und festhalten zu können. Und das ist auch die Gefahr. Beute, die sich nie packen und festhalten lässt, bedeutet eine hohe Frustration für den Jäger. Und die Geschwindigkeit, mit der der Lichtpunkt sich bewegt, kann auf Dauer zur Überforderung führen. Solche rasanten Spiele sind nichts für ausgedehnte Spielstunden, sondern nur für schnelle Runden zwischendurch. Und last but not least ist bei den Laserpointern Vorsicht im Umgang geboten, um den Katzen nicht direkt in die Augen zu leuchten und damit dauerhafte Schäden am Auge zu riskieren.

Elektronische Highlights

Wir wissen nicht, was Ihre Lieblingssendung im Fernsehen ist. Aber Katzen stehen eindeutig weder auf Volksmusikübertragungen, noch auf Wettsendungen oder Quizshows. Nicht weil sie einen anderen Musikgeschmack haben als Menschen oder weil sie Fans von Privatfernsehen sind. Sondern einfach, weil dort zu wenig Beute vorkommt. Katzen lieben Tierfilme, was sonst? Ersatzweise gehen auch Fußballübertragungen, weil da viel Bewegung drin ist. Am schönsten aber ist es, wenn in Großaufnahme die wilden Verwandten über den Bildschirm tigern. Dann steigt auch die Spannung bei Mascara, Linda und Grisou. Gleich danach auf der Hitliste stehen Filme über Vogelbeobachtungen im Wattenmeer oder Vogelparks auf Teneriffa. Und auch nicht zu verachten sind die leider seltenen Mausfilme, während die »Sendung mit der Maus« des WDR leider alle drei Katzen völlig kalt lässt. Schon schöner ist es, auf dem Schreibtisch zu sitzen und den menschlichen Pfoten dabei zuzusehen, wie sie auf der Tastatur nach etwas zu suchen scheinen. Und wenn dann dieses Ding, was Menschen doch tatsächlich als Maus be-

Schade, dass es kein Fühlfernsehen gibt.

zeichnen, bewegt wird, dann gibt es kein Halten mehr. Egal, ob es Protestgestöhn gibt, Grisou muss sich vor dem Bildschirm aufbauen und mit den Pfoten nach dem Pfeil schlagen und dabei schnattern. Irgendwann wird er ihn schon erwischen! Moderne Katzen gehen übrigens mit der Zeit und ihren Besitzern. Sie spielen mit dem iPad. Und Katzen wären nicht Katzen, wenn sie nicht auch dafür schon eigens Spiele, Pardon »Apps« entwickelt hätten.
Wer sich überzeugen will, kann das tun unter: www.ipadgameforcats.com

Katzen haben Spielzeugbauer: Nachmachen erwünscht

- Stinke- und Fellkissen
- Spielwürmer
- Federwedel
- Spielbrett

Stinkekissen, Stinkesocken und Stinketierchen selbst gemacht.

Karen und Udo Spreu, die Spielebastler.

Bei ***Familie Spreu*** in Kerpen führt mit Witz, Charme und Schnurren eine ziemlich langhaarige Viererbande das Regiment. Denn im Haus und im Garten ist vieles auf die Bedürfnisse von Sina, einer Maine-Coon-Mix Kätzin, Merlin, einem Maine-Coon Kater, und den beiden Norwegischen Waldkatzen und Geschwistern Neo und Nikita zugeschnitten. Das fängt bei der Rohfütterung an und hört bei immer neuen Unterhaltungsangeboten noch lange nicht auf. Denn die vier Damen und Herren haben unterschiedliche Vorlieben, was das Spielen angeht. Zum Glück sind Karen Spreu und ihr Mann Udo beide handwerklich geschickt und probieren mit Begeisterung immer wieder mal etwas Neues, selbst Genähtes, Geklebtes oder Gebautes aus, was ihr vierpfotiges Quartett dann auf Herz und Nieren testen darf. Wert legt Familie Spreu bei der Herstellung auf solide Qualität, denn: »Neo und Merlin sind wirklich große Kater mit viel Kraft. Und Merlin ist außerdem manchmal ein wirklicher Tollpatsch. Da muss Spielzeug schon etwas aushalten«, weiß Karen Spreu.

Spieltipps mit Anleitung zum Nachmachen von Karen und Udo Spreu und Neo, Nikita, Merlin und Sina

»Stinkekissen« gibt es ja fast in jedem Zoogeschäft zu kaufen. Da die aber niemals lange den Attacken ihrer Katzen standhielten, kam Karen Spreu auf die Idee, sie selbst zu nähen. Und sie probierte auch gleich unterschiedliche Formen aus. Als Füllmaterial gibt es die klassische Füllwatte oder Aquariumfilterwatte. Bei Katzen, die alles zerpflücken, lässt sich Dinkelspreu oder Stroh nehmen. Wer möchte, kann auch kleine Glöckchen in ein Stück Nylonstrumpfhose einwickeln und dazu geben, dann können sich Katzenminze oder Baldrian nicht hineinsetzen. Zum Schluss werden die Kissen dann noch mit einer guten Portion geschnittener Baldrianwurzel oder Katzenminze, zum Beispiel aus der Apotheke, gefüllt. Bei der Form des Kissens kann jeder je nach seinem oder dem Geschmack der Katze variieren.

Das klassische Kissen wird zuerst per Hand oder Nähmaschine bis auf eine kleine Öffnung zusammengenäht und dann gewendet. Eine andere Möglichkeit sind kleine, gekaufte Stofftiere, bei denen eine Naht mit einem Nahtmesser aufgetrennt wird, um dann Katzenminze oder Baldrian einzufüllen. Nur noch zunähen, fertig ist das Baldrianspielzeug. Wie wäre es statt Stofftierchen mit Spielsocken? Die lassen sich zum Beispiel mit raschelndem Dinkelspreu füllen und oben zunähen. Das schaffen auch wirkliche Bastelanfänger.

Fellwürmer

Haben Sie noch alte Fellkleidung oder Plüschstoffe? Das eignet sich prima, um daraus Fellwürmer zu basteln. Für den Wurm benötigen Sie kräftige Paketkordel, rund 30 Zentimeter lang. Die wird am unteren Ende verknotet und von oben wird eine Holz- oder Styroporkugel darüber geschoben.

links: Das ist das Ausgangsmaterial für das Duftspielzeug.

Der Wurm bekommt einen Kopf.

Fertig ist das Wurmspielzeug.

Nun mit einer stabilen Stopf- oder Ledernadel nacheinander viele Fell- oder Stoffstückchen auffädeln, so lange, bis der Wurm die gewünschte Länge hat. Zum Schluss noch eine größere Styroporkugel und eine kleine Holzkugel als Nase auffädeln, die Kordel verknoten und je nach Geschmack die Kugeln als Gesicht verzieren.

Alle Zutaten für Spielzeug auf einen Blick..

FELLKISSEN

Die werden nach dem gleichen Schema wie oben genäht aber noch mit ein paar Federn verziert, die in der Naht mitgefasst werden. Wichtig: Beim Nähen mit der Maschine spezielle Ledernadeln verwenden, da andere zu leicht brechen. Wer jetzt im Training ist, der kann seine Fertigkeiten auch in XXL ausprobieren: mit einem Schlafkissen.
Ein Stoffstück der gewünschten Größe, zum Beispiel 55 mal 70 Zentimeter wird von links zusammengenäht und gewendet. Gefüllt wird es mit Styroporkugeln, das speichert die Körperwärme und kann bei Bedarf sogar in einem Kissenbezug in die Waschmaschine wandern.

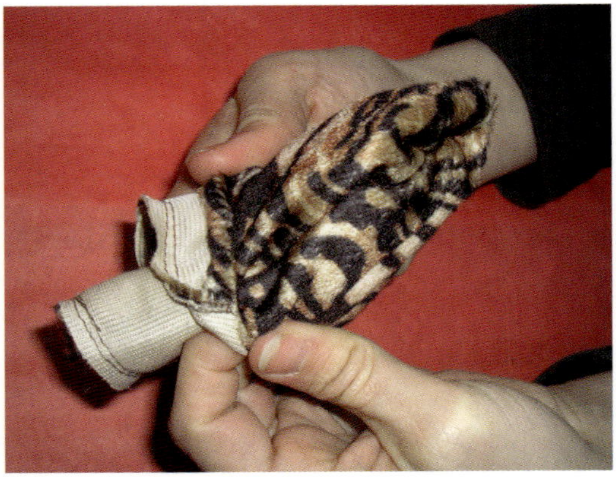

Stoff wird zu einem Schlauch genäht und gewendet.

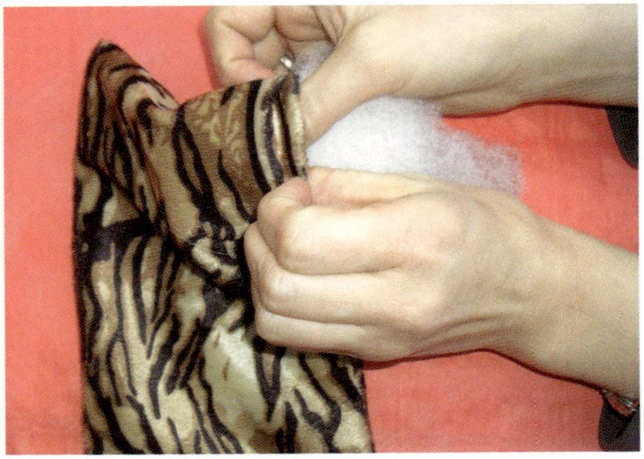

Durch die kleine Öffnung wird mit Watte oder Dinkelspreu gefüllt.

Jetzt noch Baldrian oder Minze dazu. Nur noch zunähen, fertig.

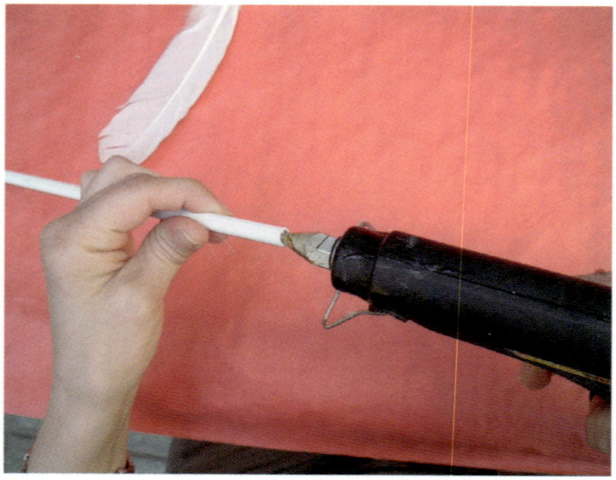

So entsteht ein Federwedel.

Immer mehr Federn werden mit Heißkleber befestigt.

Federwedel

Bei vier Katzen war der Verbrauch an Federwedeln bei Familie Spreu recht hoch. Deshalb ist Karen Spreu irgendwann dazu übergegangen, auch diese heiß geliebten Spielzeuge selbst zu gestalten. Der große Vorteil: Sie verwendet ungefärbte naturbelassene Federn, die sie beim Stöbern auf einer Auktionsplattform im Internet gefunden hat. Die dazu gehörigen Stäbe stammen aus dem Baumarkt. Und so geht es. Zuerst mit der Heißklebepistole etwas Kleber an den Stab geben und eine große Feder reindrücken. Wieder Kleber auftragen und nach und nach die kleineren Federn ringsherum befestigen. Zum Schluss den Kleber mit feuchten Fingern gut festdrücken.

Wedel oder Angel, beides ist möglich.

Aus diesen Materialien entsteht das Spielbrett.

Spielbrett

Für Merlin, der Fummelspiele über alles liebt, ist Karen Spreu im Werkzeugraum ihres Mannes auf die Suche gegangen und fündig geworden. Entstanden ist ein selbst designtes Spielbrett in den Maßen 30 x 30 Zentimeter. Dafür sind nötig: Eine Holzfaserplatte, 19 Millimeter dick, einige Holzdübel, drei Joghurtbecher, Holzleim, Hammer, Akkuschrauber, Bohrmaschine, Bohrer mit Stopper (ersatzweise Klebeband als Stopper um den Bohrer wickeln) drei flache Schrauben. Für die Dübel Löcher bohren und sie dann verleimen. Die Joghurtbecher mit dem Boden festschrauben. Geschickte Bastler können die Kanten der Platte mit einer Oberfräse runden und das Ganze noch mit ungiftiger Farbe streichen, die auch für Kinderzimmer geeignet ist.

So sieht das fertige Spielbrett aus.

Getestet und für gut befunden

Elke Bernhardt mit Kater Miro.

Spiele für Generationen

Elke Bernhardt, Siri, Miro und Daphne

Ihr Erster hieß Leopold, ein Herr, der das gute Leben zu schätzen wusste. Denn eigentlich wohnte besagter Kater in der Nachbarschaft, entschied sich dann aber doch zum Umzug zu Familie Bernhardt – der besseren Verpflegung und Schmuseeinheiten wegen. Das ist viele Jahre her. Seitdem haben viele andere Katzen auf leisen Pfoten den Haushalt von Elke Bernhardt betreten und wieder verlassen. Denn die 61-Jährige ist im Tierschutz engagiert und arbeitet als Katzenpflegestelle. Sie hat im Laufe der Zeit fast 200 Katzen in ein neues Zuhause vermittelt, Generationen von verwaisten Katzenkindern groß gezogen und viele kranke Tiere gepflegt, die sonst keine Zukunft gehabt hätten.

Derzeit leben nur noch ihre drei eigenen Katzen bei ihr: die achtjährige Daphne und die dreijährigen ehemaligen Pflegekinder Miro und Siri. Die wurden bei ihr unter dramatischen Umständen geboren und konnten nur knapp gerettet werden. »Nach dem Tod von zwei Mitkatzen hat Daphne erst wieder lernen müssen, zu spielen«, erinnert sich Elke Bernhardt. »Vor allem Kater Miro ist so sozial und verspielt, dass er sie mit seiner Spielfreude einfach angesteckt hat.« Heute toben auch schon mal alle drei zusammen durch das Haus und den Garten, jagen Bällchen, echte und Plüschmäuse. Und Daphne hat, wenn sie in Spiellaune ist, sogar einen ganz besonderen Trick gelernt: Sie apportiert die bunten Kugeln und fordert ihre Menschen zum Mitspielen auf.

Bei so vielen Pflegekatzen des Tierschutzvereins, die die Langenfelderin schon betreut hat, gibt es auch eine entsprechend bunte Auswahl an Spielzeug. »Die älteren Tiere kommen ja oft ängstlich und misstrauisch zu mir.« Da dauert es eine Weile und es braucht viel Geduld, um sie zum Spielen zu bewegen«, weiß die Tierschützerin aus Erfahrung. »Aber mit vorsichtiger Annäherung und kontinuierlichen Spielangeboten lässt sich auch ein scheues Tier wieder bewegen, Vertrauen zu Menschen zu fassen.« Katzenkinder dagegen spielen einfach mit allem, was sich bewegen lässt. »Mit einer Murmel, einer Kastanie, mit Kordeln, Angeln, Schnüren, mit allem, was sich im Haushalt so findet.« Und fast alle lieben sie Duftendes: Baldriankissen sind bei Elke Bernhardt immer vorrätig – dafür wurde im eigenen Garten extra Baldrian angebaut – Katzenminze auch. Und oft bringt sie auch Äste, Zweige oder Tannenzapfen mit. Die werden dann beschnüffelt, angetatzt und umhergekickt, dass es eine wahre Freude ist.

Spieltipp von Elke Bernhardt und Kater Miro: Catit® Design Senses Spielschiene

Das lieben nicht nur alle Katzenkinder, sondern auch der dreijährige Miro: Diese 110 Zentimeter lange Schiene in S-Form lässt sich individuell zusammensetzen und erweitern. Durch die Schiene rollt ein Ball, den die Katze mit der Pfote antatzen kann – wenn sie die richtigen Öffnungen benutzt. »Ich tausche den Ball auch schon mal gegen Murmeln oder Kastanien oder ein kleines Duftspielzeug aus, um Abwechslung zu schaffen«, rät Elke Bernhardt. Zu bekommen ist Miros Spieltipp im Zoofachhandel.

Miro mit Spielschiene

Futter hier herauszubekommen, ist nicht so einfach.

Aus der Not eine Tugend gemacht

Familie Hübl, Jeannie und Amanda

Wie kommt jemand auf die Idee, einen Katzentrainer zu entwickeln? Das geht ganz einfach: Er hat Katzen, die gerne spielen und eine Firma, die unter anderem Elektro-, Werbe- und Plexiglasartikel vertreibt. Zugegeben, ganz so einfach war die Sache doch nicht. Denn um zu wissen, womit Katzen gerne spielen, muss man sie sehr genau beobachten und ihre Bedürfnisse kennen. Und dann noch eine zündende Idee haben. Die zündende Idee hatte in diesem Fall Jutta Hübl. Denn die beiden Tierschutzkatzen, die nun schon seit neun Jahren bei Hübls leben, waren ein Herz und eine Seele. Bis sie einmal einen Marder um ihr Freigehege schleichen sahen. Die Angst schlug um in Aggression. Und die richteten die beiden Katzen gegeneinander, der Friede war dahin. Bis Familie Hübl auf den Rat einer Tierexpertin hin versuchte, die beiden mit gemeinschaftlichem Spiel wieder zusammenzubringen. »Bau doch mal ein Katzenspielzeug aus Plexiglas«, sagte Jutta Hübl damals zu ihrem Mann. Gesagt, getan. Firmenchef Alois Hübl baute einen Prototypen und wagte den »Tierversuch«. Beide Kontrahentinnen fanden das neue Spielzeug so faszinierend, dass sie darüber ihre Angst und ihre Vorbehalte gegen die jeweils Andere vergaßen. Denn die bunten Hindernisse und die klaren Seitenteile des Spielzeugs machen es alles andere als einfach, an das Begehrte heranzukommen: Das war eine ganz neue Herausforderung. Schon bald fummelten und pfötelten Jeannie und Amanda gemeinsam ihr Lieblingsfutter und ihre Leckerchen aus dem Spielzeug. Damit war der erste Katzentrainer geboren, den Alois Hübl zum Patent anmeldete. Heute wird er in vielen Län-

Angeln, was die Pfoten können.

dern Europas verkauft und erfreut alte wie junge Samtpfoten. Denn mit der Zeit ist eine ganze bunte Kollektion verschiedener Modelle in unterschiedlichen Varianten entstanden – für ganz Kleine, Anfänger und Fortgeschrittene. Alle haben eines gemeinsam: Sie regen die Tiere dazu an, nachzudenken, Strategien zu entwickeln und ihre geschickten Pfoten einzusetzen. Langeweile und Futter hinunter schlingen sind damit passé.

Spieltipp von Alois Hübl, Jeannie und Amanda: Katzentrainer

Die Renner unter all den vielen Modellen der Kollektion sind Max, Minimax und Minnie. Darin lässt sich eine gute Vorratsportion Trockenfutter unterbringen, die den ganzen Tag über die Katze beschäftigt hält. Minnie ist ein zweistöckiges Modell, bei dem Futter oder Spielzeug von der Katze erst von oben durch ein Loch geschoben werden muss, bevor sie von unten drankommt. Damit können sich auch mehrere Katzen gleichzeitig beschäftigen. Zu bestellen unter: www.katzentrainer.de

Hilde Hentrich und Mascha.

Liebe zeigt sich beim Spielen

Hilde Hentrich, Mascha und Paul

Sehen, staunen, lieben. Paul und Mascha haben sich gesucht und gefunden – innerhalb von Sekunden. Er aus Mailand, sie aus Moskau. Er ein sechsjähriger stolzer großer Italiener, sie eine fünfjährige zarte kleine Russin – Romeo und Julia, eine internationale Liebesgeschichte mit Happy-end in Köln. Zusammengebracht hat sie der Tierschutz und nun teilen sie alles: Leben, Wohnung, Kissen und Spielzeug. »Aber beide spielen sehr unterschiedlich.« Hilde Hentrich weiß genau um die Vorlieben ihrer Samtpfoten. »Paul spielt wild und Mascha spielt Prinzessin.« Für Paul, den ehemaligen Straßenkater, ist Beute machen, jagen, rennen, springen, klettern, das Größte. Im Eifer des Abenteuers kann es auch schon mal passieren, dass er gegen Sofa oder Scheibe saust. Nur manchmal zeigt der Macho seine sanfte Seite, zum Beispiel wenn er sein Stofflämmchen mit sich herumträgt und bespielt. Für die kleine Mascha sind geistige Herausforderungen aller Art das Schönste, sie ist die Denkerin in dem ungleichen Gespann. Aber auch Pappstreifen von Futterverpackungen haben es ihr angetan. Und manchmal packt auch sie die Rauflust und sie versucht, spielerisch mit Paul ein Kämpfchen auszutragen. Das lässt der sich dann gutmütig gefallen – was tut man nicht alles für seine große Liebe?

Gegensätze ziehen sich eben an, jedenfalls hier. In der Kölnerin Hilde Hentrich haben die beiden einen echten Katzenmenschen gefunden. »Ich versuche, meine Wohnung aus Katzensicht so abwechslungsreich und interessant wie möglich zu gestalten.« Da gibt es große Kuschelkissen, Katzenhöhlen, einen selbst gebauten Kratzbaum, einen Catwalk mit Stufen an der Wand. Und viel Spielzeug, das immer wieder neu dekoriert und umgeräumt wird – damit ja keine Langeweile aufkommt. Hilde Hentrich hat viel handwerklich-kreatives Geschick, sie malt, fotografiert und bastelt auch gerne für ihre Katzen.

Mascha mit Lasche von der Futterverpackung.

Zum Basteln können es ja auch Materialien aus dem Haushalt sein, die sich umfunktionieren lassen«, sagt sie. Kartons, Papiertüten, Waschpulverkugeln, das Innenleben von Papierrollen, alles lässt sich verwenden. Und bei Nichtgefallen auch wieder entsorgen.

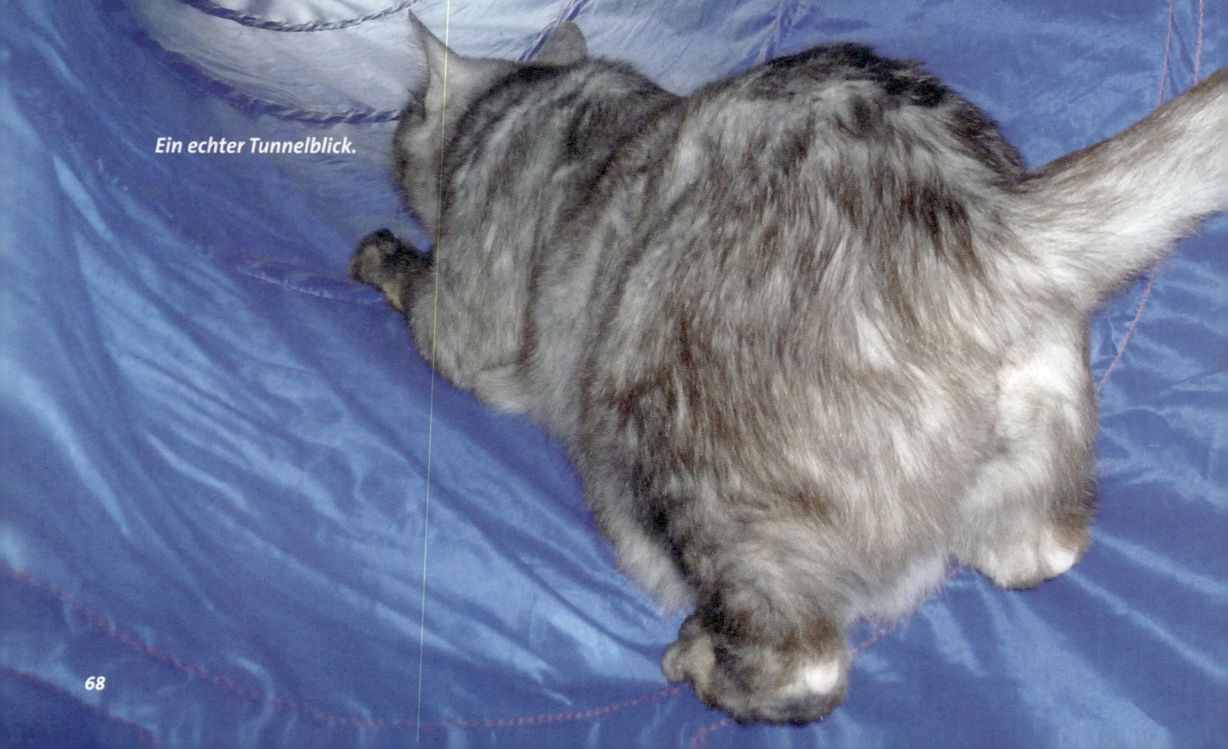

Ein echter Tunnelblick.

Spieltipp von Hilde Hentrich, Mascha und Paul: Katzentunnel

So unterschiedlich die beiden Katzen auch spielen mögen. Eines lieben beide: ihre Rascheltunnel. Paul mag es, mit hoher Geschwindigkeit hindurch zu sausen, ans andere Ende und wieder zurückzusprinten.
Das kommt seinem Bewegungsdrang zugute. Mascha nutzt die Tunnel aus Plüsch und Nylon mit den verschiedenen Ausgängen, um sich zu verstecken und zu lauern, um dann blitzschnell mit den Pfoten hinaus zu angeln. Und wenn sie ihre verrückten fünf Minuten hat, dann rennt auch sie mit Tempo hinter Paul her – von einem Ausgang zum nächsten. Spieltunnel gibt es in verschiedenen Ausführungen, Längen und Materialien im Zoohandel.

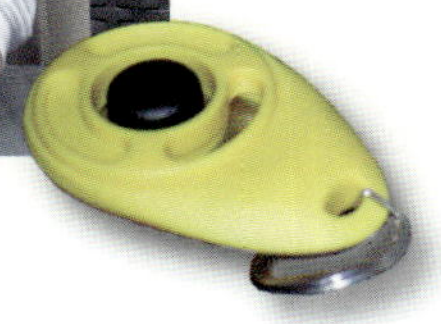

Monika Hilbrink beim Klickern mit Kater Mori.

Der Klügere spielt mit

Monika Hilbrink mit Chewie, Van'yár, Mori Quendi, Channaé, Sahyia'Dina.

Ja, die Ähnlichkeit lässt sich nicht leugnen. Irving of Bedford Falls, genannt »Chewie« und Chewbaka aus »Krieg der Sterne« sind beides große, gemütliche Kuschelbären. Besser gesagt, Kuschelkater. Denn der »Herr der Dinge«, der bei Monika Hilbrink in Bad Honnef unangefochten das Rudel regiert, ist ein Maine Coon von Geblüt und Gemüt mit einem stattlichen Gewicht von neun Kilogramm. Klar, dass eine solche Majestät nicht albern-kindischen Spielen nachjagt, sondern lieber spielen lässt. »Aber für ein Leckerchen lässt er auch manchmal alle Würde fahren und mischt mit.« Monika Hilbrink, 51 Jahre alt, lacht. Sie ist Inhaberin einer Werbeagentur und Fan der imposanten Katzen. »Was ich an ihnen so liebe? Einfach alles. Ihren Bindungswillen, ihr sanftes Wesen, ihre dicken Pfoten, ihr unglaubliches Fell, ihre zarte Seele in diesem kräftigen Körper und ihr unglaubliches Vertrauen in ihren Menschen.«

Es vergeht kein Tag, an dem Katzen und Mensch nicht miteinander spielen. Denn die Fünfer-Gang, allesamt benannt nach literarischen Figuren aus »Dune« oder dem »Herrn der Ringe« ist immer für alle Arten von Unterhaltung zu haben. Wenn auch jeder nach seinen individuellen Vorlieben. Alle gemeinsam aber üben sie das Klickertraining. Van'yár ist dabei die absolute Klickerkönigin, da sie ausgesprochen klug ist und viel Vergnügen darin findet, Tricks zu lernen. Sie

Channaé: Wann geht's los?

kann Männchen machen, Pfötchen geben und »gi'me five«. Und wenn nicht geklickert wird, dann spielt die »Lichtelbin« entsprechend ihres Namens am liebsten mit Sonnenstrahlen. Channaé, auch genannt der »Keks« liebt Paketbänder, trägt sie von einem Platz zum anderen, hüpft aufgeregt, wenn sie sich unerwartet bewegen und findet alles andere uninteressant. Mori ist ein begnadeter Laserpunktjäger, der dafür fast alles tut. Klickern in der Gruppe ist ihm eigentlich ein wenig langweilig. Aber wenn sein Kumpel Chewie sich herablässt, dann kommt er mit. Sahyia' Dina liebt von allem am meisten eine selbst gehäkelte Baldrianmaus und nur diese eine und keine andere darf es sein. »Zwar hat sie den Sinn des Klickerns noch nicht so ganz verstanden, nimmt aber gerne an unseren Sitzungen teil«, freut sich Monika Hilbrink. Denn das Glück ist für sie erst dann perfekt, wenn alle harmonisch zusammensitzen und sich verstehen.

Van'yár, die Lichtelbin, spielt auch mit Sonnenstrahlen.

Chewie und Mori warten auf ihre Spielstunde.

Spieltipp von Monika Hilbrink und Van'yár: Klickern

Beim Klickern geht es darum, zwei Reize miteinander zu kombinieren: Das Geräusch des Klickers mit einer Belohnung. Das ist das Prinzip einer sehr bekannten Lernmethode, der des klassischen Konditionierens. Viele Katzenhalter gehen einen Schritt weiter und nutzen das Klickern, um bestimmtes Verhalten mit dem Klick zu trainieren.

»Bei uns geht es weniger darum, Kunststückchen zu lernen, als spielerisch die Gruppenverträglichkeit zu stärken«, erklärt Monika Hilbrink. Dabei genießt es die sonst ziemlich zurückhaltende Van'yár, durch ihre schnelle Auffassungsgabe mehr im Mittelpunkt zu stehen. Klicker gibt es in verschiedenen Ausführungen im Zoofachhandel.

Spiele für alle Felle

Marianne Keuthen mit Meggan, Paul, Pauline und Tommy

Training für die kleinen grauen Zellen ist das Spezialgebiet von Marianne Keuthen. Denn als Sozialpädagogin mit Zusatzausbildungen für Gedächtnistraining und Psychomotorik kennt sie sich mit dem Thema bestens aus. Und mit Meggan, ihrer elf Jahre alten Border Collie Hündin, hatte Marianne Keuthen auch gleich eine geeignete Herausforderung für das erste selbst hergestellte Spielzeug. Denn Border Collies gelten ja als besonders intelligent und lernfähig. »Angefangen habe ich mit Papprollen und Kartons«, erinnert sich die 54-Jährige. Da die aber Meggans stürmischem Temperament nicht lange standhielten, entstand irgendwann die Idee, auch Spielzeug aus Holz herzustellen. Das erste professionelle Spiel war dann die »Scentbox«, eine Box zur Geruchsunterscheidung, bei der der Hund lernt, einen Geruch an einer bestimmten Stelle zu erschnüffeln oder einen Geruch aus mehreren herauszufinden. »Das ist ein Anknüpfen an die natürlichen Fähigkeiten des Nasentiers Hund«, so Keuthen.

Inzwischen bevölkern aber auch drei Samtpfoten den Haushalt der Familie Keuthen: Paul und Pauline, beide vier Jahre alt, die auf einem Parkplatz ausgesetzt wurden. Und Tommy, zwei Jahre, der verletzt zulief und blieb. Klar also, dass inzwischen auch selbst entworfenes Spielzeug für Katzen dazu gekommen ist. »Es gibt doch etliche Unterschiede im Spielverhalten«, weiß Marianne Keuthen. »Katzen haben andere Bedürfnisse. Sie angeln gerne mit den Pfoten, beobachten und jagen.

Auch bei den Belohnungen mit Leckerchen sind sie anspruchsvoller und haben individuelle Vorlieben. Das muss man berücksichtigen, wenn man gemeinsam Spaß am Spiel haben möchte.

Einen ganz klaren Spielfavoriten hat die gemischte Truppe nicht, denn wenn die Spiele heraus geholt werden, stehen mittlerweile alle vier parat und warten auf den Startschuss: Hauptsache, es wird gemeinsam gespielt.

»Wichtig ist nur, dass man das Tier nicht überfordert und kleine Schritte anbietet«, heißt hier die Devise. »Es geht schließlich um Beschäftigung, die Spaß macht, auslastet und die geistige Flexibilität fördert.«

Spieltipp von Marianne Keuthen und Co: Brain-Twister

Inzwischen werden die von Marianne Keuthen entwickelten Spielzeuge und ein ganz besonderer Kratzbaum (s. Seite 87) professionell gefertigt und vertrieben: in Werkstatt für Behinderte in Lippstadt/Bad Waldliesborn. »Ich habe selbst einige Jahre ein heilpädagogisches Zentrum für erwachsene behinderte Menschen geleitet und so lag der Gedanke, eine Behindertenwerkstatt für dieses Projekt anzusprechen, sehr nahe«, erklärt die Spielerfinderin.
Der Brain-Twister steht für Denksport. Dieses intelligente, interaktive Katzenspiel bietet viel Abwechslung und Spaß. Der Grundkasten animiert zum Beobachten, Jagen und Fangen. Die seitlichen Öffnungen sind so angebracht, dass ein Ball, eine Fellmaus oder ein Papierbällchen gut aus dem Grundkasten herausgeangelt oder geschossen werden können. Das Holz ist sehr robust und unbehandelt. Das verwendete Material quillt nicht auf, wenn es mit Speichel in Berührung kommt und kann gut gereinigt werden. Wie alle Spiele ist der Brain-Twister so aufgebaut, dass einfache und schwierige Aufgaben zu lösen sind und so für jeden Typ etwas dabei ist.
Mehr Spielzeuge von Marianne Keuthen, Anregungen und Bestellmöglichkeiten unter: www.only-cats.de.

Brain-Twister-Grundkasten, der sich mit verschiedenen Dingen bestücken lässt.

Kristina Kuhn und Willi.

Spielfreuden ohne Grenzen

Familie Kuhn, Anton, Findus, Willi und Otti

Anton macht seiner Rasse alle Ehre. Er ist ein Retriever, ein »Wiederfinder« oder »Wiederbringer«. Er findet bei einem Spaziergang nicht nur kranke Kaninchen und bringt sie seinem Frauchen, Kristina Kuhn aus Haan. Die ist schließlich ausgebildete Krankenschwester und Tierheilpraktikerin. Anton hat bei einem Rügen-Urlaub der Familie vor sechs Jahren auch drei ausgesetzte Katzenkinder gefunden. Eines davon war ein Kater, der Findus getauft wurde und noch heute bei der Familie lebt. Als Revierboss beherrscht der imposante Kater seine Straße und die Nachbarkatzen.

Gesucht und gefunden haben sich auch Willi Winzig und Familie Kuhn. Willi kam als schnupfenkrankes Katzenkind und blieb – adoptiert nicht nur von den vier menschlichen Familienmitgliedern, sondern auch von Anton, Findus und Pflegehündin Otti. Vier Menschen, zwei Katzen, zwei Hunde – bei Kuhns ist immer Trubel. »Klar, dass hier jeder mit jedem spielt«, freut sich Kristina Kuhn über ihre bunte Truppe. Wenn Findus und Willi sich jagen, passt Anton auf, dass es nicht zu wild wird. Und wenn Klein Willi übermütig und Anton gut gelaunt ist, dann darf der graugetigerte dreijährige Kater auch auf dem Rücken des Hundes in den Garten reiten.

»Trotz seines chronischen Schnupfens ist Willi außerordentlich munter und verspielt«, sagt die Tierheilpraktikerin. »Nur macht ihm bedingt dadurch, dass er kaum etwas riecht, das Duftspielzeug keinen Spaß.« Dafür aber alles, was flattert, und fliegt, rollt und kullert, wie etwa beim »Kitty Brain Train«, einem runden Holzbrett mit zwei Spielseiten. Auf der einen rollen Kugeln in einer runden Schiene, die Willi gerne anstupst und die so hübsche Geräusche machen. Auf der anderen Seite müssen Leckerchen gesucht werden, die unter Kugeln versteckt sind. Das ist dann schon eher etwas für Findus, der mit Spürsinn und Nase sofort merkt, wenn Futtertüten rascheln und Spielzeit ist. Für eine fressbare Belohnung überwindet der Kater jedes Hindernis – auch in Gestalt von Anton, der gerade im Weg liegt. Zum Glück sieht der große Hund das völlig gelassen. Und manchmal fällt dabei ja auch für ihn eine kleine, aber feine Belohnung ab, die Findus übersehen hat.

Hund Anton, Kater Findus und das Fummelbrett.

Spieltipp von Kristina Kuhn und Findus: Cat Activity Fun Board

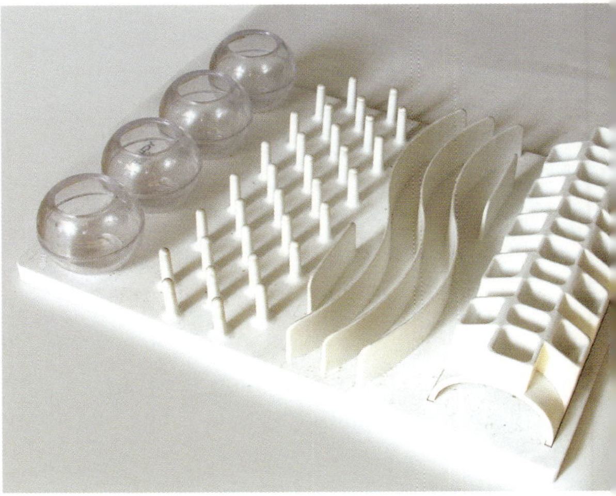

Es ist das klassische Fummelbrett aus Kunststoff: Sehr stabil, abschwaschbar, mit verschiedenen Profilen wie Zapfen, Kugeln oder Rillen, in oder zwischen denen kleine Überraschungen versteckt werden können. Findus arbeitet mit Pfoten und Zunge, um an die begehrten Snacks zu kommen. »Manchmal funktionieren wir das Brett zur Massageliege um, indem wir einfach ein Baldriankissen zwischen die Zapfen stecken«, verrät Kristina Kuhn. »Dann wälzt und räkelt sich Findus mit Hingabe darauf.«

Ralfgero Korb mit Mäxchen.

In Schönheit spielen

Ralfgero Korb mit Kimba, Mäxchen und Teddy

Bei seinen Katzen sieht Ralfgero Korb aus Meerbusch schwarz. Oder weiß. Denn Kimba, die Grande Dame, ist eine 21-jährige schneeweiße zarte Kätzin. Mäxchen, ebenfalls zart, schnell und schlau und Teddy, ein Britisch-Kurzhaarkater, groß, kräftig und die Ruhe in Person, sind beide pechschwarz. Zusammen bilden sie ein sehr harmonisches Gruppenbild mit Dame, denn trotz des beträchtlichen Altersunterschiedes lebt das Trio friedlich zusammen. Beim Spielverhalten allerdings werden die Unterschiede deutlich. »Kimba schläft altersbedingt zwar viel, hat aber durchaus ihre Spielphasen, in denen sie munter mitmacht«, weiß Ralfgero Korb. Viel jagen, springen und rennen sind zwar nicht mehr ihre Sache. Aber dem Spiel mit Wedeln oder Angeln kann auch sie nicht widerstehen. Da zeigt sie den beiden Jungspunden durchaus mal, was perfekte Fangtechnik ist.

Mäxchen, der ebenso klein wie wendig ist, kann wie ein Gummiball hinter allem herspringen, was sich bewegt. Zum Beispiel hinter einem selbstgebastelten Naturwedel der besonderen Art. Der besteht aus einem dünnen, biegsamen Zweig, ganz viel flatterndem Floristenbast und einer Maus an einer Kordel. Wenn die gesamte Mannschaft einen Ausflug in den Garten macht und dieser Wedel zum Einsatz kommt, gibt es für ihn kein Halten mehr. Dann zeigt Mäxchen seine wahre Bestimmung: Zirkusartist. Er fliegt förmlich dem Wedel mit den rund 50 Zentimeter langen Fransen hinterher und schlägt, wenn es sein muss, auch schon mal einen Salto. Aber auch Kartons können ihn begeistern, weil er mit seinen geschickten Pfötchen alles herausholen, anstupsen, antatzen kann, was sich darin oder dahinter verbirgt. Kumpel Teddy dagegen lässt es ruhiger angehen. Er ist der große Beobachter, der das Wort »Big Brother is watching you« ganz neu interpretiert. Er liebt erhöhte Plätze, von denen er aus alles beobachten kann. Zum Beispiel gleich neben drei Artgenossen aus Metall, die auf einem halbhohen Schrank stehen. Äußerst dekorativ, ist ja klar. Was nicht heißt, dass er als echter Genießer nicht ganz schnell herunterkommt, wenn es unten Interessantes in Form von Sahne oder Baldriankissen gibt.

Kimba, die große alte Dame.

Spieltipp von Ralfgero Korb und Teddy: Kitty Snippy

Das macht auch den ruhigsten Kater munter: Eine elektrisch betriebene Spielangel namens Kitty Snippy. Die ist an einem kegelförmigen Halter befestigt und wedelt auf Knopfdruck wild hin und her. Da der Motor sehr leise und die Angel eher zart ist, spielt nicht nur Teddy gerne damit. Auch Kimba nutzt es als Senioren-Reflextrainingsgerät. Und wenn Teddy das Ganze doch mal zu wild wird, was soll's: Dann legt er einfach eine seiner kräftigen Pfoten auf die Angel und hält lässig fest. So geht's auch. Kitty Snippy ist zu beziehen im Zoofachhandel.

Die Angel im Einsatz und Mäxchen im Anflug.

Teddy und Kimba spielen mit Kitty Snippy.

Tina Krogull ist Fachfrau für Spielverhalten.

Spielerisches Verhaltenstraining

Tina Krogull mit Tiffy, Charlie und Sammy

Tina Krogull geht es wie vielen Menschen, die beruflich mit Tieren zu tun haben. Erst kommt das private Interesse und irgendwann auch der Wunsch, sich professionell mit dem Tier, seinem Wesen und Verhalten zu beschäftigen. Bei der 40-Jährigen aus Willich am Niederrhein sind es Katzen – seit über 20 Jahren lebt die Tierpsychologin und Bachblütentherapeutin mit ihnen zusammen.

Derzeit sind es Charlie, ein neunjähriger ehemaliger türkischer Straßenstreuner, Sammy, ein zehn Jahre alter »Secondhand-Kater« und Tiffy, eine dreieinhalbjährige Kätzin, die von Tierschützern aus schlechter Haltung befreit wurde.

»Die drei sind recht unterschiedlich in ihrem Wesen«, schildert Tina Krogull ihre Mannschaft. Charlie zum Beispiel hat zwei Seelen in seiner Brust. So verschmust er ist, so hat er auch manchmal mit seinen Aggressionen zu kämpfen. Als ehemaliger Straßenkater spielt er wild und ausdauernd mit seiner Beute, der Stoffente Ducky, allen Arten von Bändeln und Katzenminzesäckchen. Dabei kann es passieren, dass im Eifer des Gefechts auch schon mal die Spielaggression mit ihm durchgeht und er Mensch und Artgenossen überfällt. Sammy, der große, menschenbezogene Schmusebär, hat vermutlich als Katzenwelpe das Spielen nicht trainiert. »Ihn müssen wir immer besonders motivieren«, sagt Tina Krogull. Tiffy dagegen, die Schüchternste in diesem Trio, fordert ihre Spieleinheiten geradezu ein. Ihr gefällt alles, was sich bewegt: etwa der Da Bird, und der Cat catcher, zwei besondere Spielangeln mit langen Federn oder einer Maus am Ende. Als Fachfrau für Katzenverhalten weiß Tina Krogull genau, wie wichtig das Spielen für ihre und andere Samtpfoten ist. Und das ist auch der Grund, warum sie nicht nur immer auf der Suche nach Spielideen und Spielzeug ist, sondern auch einen eigenen Online-Katzenspielzeugshop eröffnet hat.

Tiffy beim Anschleichen ...

Was macht für sie gutes Spielzeug aus? »Gutes Katzenspielzeug erregt das Interesse einer Katze, so dass sie sich auch allein damit beschäftigt«, zählt die Therapeutin auf. »Gutes Katzenspielzeug bietet außerdem immer die Möglichkeit, dass der Halter und die Katze gemeinsam Spaß beim Spielen haben können.« Und last but not least: »Gutes Katzenspielzeug muss nicht teuer sein. Selbst ein einfacher Karton mit Zeitungspapier kann ein gutes Katzenspielzeug sein.«

Spieltipp von Tina Krogull und Tiffy: Da Bird

Sieht aus wie ein Vogel, bewegt sich wie ein Vogel, macht Geräusche wie ein Vogel: Da Bird. Dieses Spielzeug setzt den Gedanken in die Praxis um, dass Jäger sich besonders für etwas interessieren, das ihrer Beute ähnlich ist. Durch die bewegliche Aufhängung und die langen Federn macht der Da Bird laute Flattergeräusche und vollführt richtige, unvorhersehbare Flugbewegungen – da kann keine Katze widerstehen. Zu bestellen etwa bei Tinas Katzenspielzeug unter: www.dabird.de

... auf der Jagd mit dem Da Bird.

Große Unterschiede, viele Gemeinsamkeiten

Mignon Berger-Oswald mit Topolino, Fabio, Fresa, Amélie, Samantha, Serenissima

Warum sie ausgerechnet Norweger liebt? »Mich faszinieren das wilde Aussehen und der sanfte Kern«. Mignon Berger-Oswald ist von diesen schönen Katzen so begeistert, dass sie unter dem Namen »Calabrones« diese Rasse auch züchtet. Angefangen hat allerdings alles mit Fresa, einer Heiligen Birma. »Norwegische Waldkatzen sind robuste Zeitgenossen, die auch mal ordentlich Gas geben, während unsere Heilige Birma im Spiel eher vorsichtig ist«, weiß die Münchnerin. »Und deshalb kann ich aus eigener Erfahrung nur jedem ans Herz legen, unbedingt auf solche Dinge zu achten, wenn unterschiedliche Rassen zusammenleben sollen.« Auch geschlechtsbedingte Unterschiede kann sie gut beobachten: »Während Fabio und Topolino auch mal miteinander raufen, spielen die Mädels eher Fangen und jagen sich durch das Haus.« Unterschiede machen sich bereits in jugendlichem Alter bemerkbar. »Schon bei den Katzenkindern sieht man, dass die Katerchen oft fester zupacken können und anders spielen als ihre Schwestern.«

Ihr Leben mit sechs Katzen zu teilen, ist für passionierte Züchterin eine echte Aufgabe. »Wir versuchen, ihnen das Leben so artgerecht wie möglich zu gestalten. Dazu gehört, sie sowohl geistig als auch körperlich zu fordern.« Da heißt es kreativ sein und für Abwechslung sorgen. Deshalb hat die langhaarige Sechserbande mindestens ebenso viel Spielzeug, das den Jagdtrieb befriedigt, wie solches, bei dem Intelligenz und Konzentration ge-

Hallo, wo suchst Du denn, ich bin doch hier.

Topolino liebt den Dragonfly über alles.

fragt sind. Aber: »Das ganze Spielzeug entbindet uns nicht davon, uns täglich mehrere Stunden mit den Katzen zu beschäftigen.« Und aus Erfahrung weiß die Züchterin: »Keine ist wie die andere. Der einen Katze bringt es mehr Spaß, versteckte Leckerlis aus Katzenfummelbrettern zu fischen, während andere Katzen lieber den Bällen in Spielschienen hinterherjagen.«
Gibt es dennoch Favoritenspiele für alle? »Oh ja, unsere Katzen lieben es, wenn sie zusammen hinter Spielangeln herlaufen können. Und nach vielen Fehlkäufen sind wir schlussendlich bei Spielangeln gelandet, die so schöne Namen wie Fishing Pole und Dragonfly tragen.« Nach einer ausgiebigen Jagd durch das Haus sind dann Mensch wie Katzen rechtschaffen müde.

Spieltipp von Mignon Berger-Oswald und Topolino: Dragonfly

Topolino ist eine große Ausnahme im Katzenreich: Er ist ein schildpattfarbiger Kater. Und er ist immer für alle Spiele und Späße zu haben. Das Allerschönste für ihn ist aber, hinter einer ganz besonderen Spielangel hinterher zu jagen: dem Dragonfly. Dabei kann er sich so richtig austoben. Mignon Berger-Oswald weiß warum. Denn an einem 85 Zentimeter langen Draht ist eine zehn Zentimeter große Libelle befestigt, die richtige Flugbewegungen vollführt und natürlich prima ins Beuteschema passt. Den Dragonfly gibt es im Online-Zoohandel.

Christine Leitgeb mit Crümel.

Mannschaftsspiele

Christine Leitgeb mit Digger, Öhrchen, Gustav, Herr Krause, Crümel und Calor

Nein, eine komplette Fußballmannschaft soll es nicht werden. Obwohl Christine Leitgeb aus Hamm in Westfalen schon auf dem besten Weg dorthin ist. Immerhin trainiert sie eine ebenso talentierte wie außergewöhnliche Herrenriege. Da wäre Savannahkater Digger, sieben Jahre alt, unangefochtener Mannschaftskapitän und Chef auf dem Platz. Als Regisseur zieht er die Fäden und achtet auf Ordnung und Benimm. Aus der Tiefe des Raums flankt sein Artgenosse Öhrchen, gleich alt, so genannt wegen seiner großen Savannah-Ohren, immer gut für eine Überraschung. Als Mittelstürmer Tonkanesen-Kater Gustav, sechs Jahre, dessen stahlblauer Blick allein so manchen Gegner schwach macht. Auf den Flügeln Calor, zwei Jahre alt und Crümel, zwei Jungspunde aus dem Süden, denen das Dribbeln einfach in den Genen liegt. Und als ruhender Pol und Zentrum der Verteidigung Kater Krause, wegen unklarer Vergangenheit auf vier Jahre geschätzt. Pardon, natürlich Kater Herr Krause, so viel Zeit muss sein.

Echte Kameradschaft gibt es eben nur unter Männern. »Bei uns gibt es jedenfalls keinen Zickenkrieg«, freuen sich Christine Leitgeb und ihr Lebensgefährte. Und als Mannschaft sind die Herren schon deshalb unschlagbar, weil sich ihre recht unterschiedlichen spielerischen Talente wunderbar ergänzen.

Crümel, mit einem Jahr der Jüngste in der Truppe, liebt einfach alles, was sich bewegt. »Ihn locken Bälle genauso wie Wedel oder Spielmäuse. Hauptsache, er kann rennen und fangen«, sagt Christine Leitgeb. Öhrchen, etwas ängstlich und sensibel, lässt aber gerne mal den Jäger raus, wenn es etwas mit Fell und Federn zu erbeuten gibt. Und Calors Spezialität sind Plüschmäuse. Mit Kopien mag sich Herr Krause dagegen nicht abgeben. Er bevorzugt die Originale und hält es mit lebenden Mäusen. Die bringt er, als echter Teamplayer, auch gerne mal mit ins Büro von Christine Leitgeb.

Digger, Gustav und Crümel bei der Mannschaftsbesprechung.

Dort arbeiten tagsüber auch seine Mitspieler Gustav, Crümel und Calor. Und zu viert spielen sie dann: »Wer holt die Maus unter dem Büroschrank raus?« Nicht immer zur Freude von Christine Leitgeb und ihrer menschlichen Mannschaft.

Pfeifenreiniger am Band: Ein prima Katzenspielzeug.

Spieltipp von Christine Leitgeb und Gustav: Pfeifenreiniger

Das kennen manche Bastler: Pfeifenreiniger sind Materialien, die sich wunderbar zweckentfremden lassen. Da sie aus einem ummantelten Draht bestehen, lassen sie sich prima in jede gewünschte Form biegen. Aus ihnen können problemlos kleine Tierfiguren wie Würmer, Kraken, Schlangen oder Spinnen gebogen werden. Wegen ihres geringen Gewichts springen und hüpfen sie, wenn Gustav sie mit den Pfoten antatzt – ein immer wieder schöner Spielreiz. Gibt es im Tabakfachhandel oder im Bastelbedarf.

Kapitel 7

Spiel, Kratz und Sieg

Katzen müssen kratzen, das hat schon so mancher Teppich- und Katzenbesitzer leidvoll erfahren. Allerdings können sie, wenn sie wollen, nur da kratzen, wo sie sollen. Mit anderen Worten: Kein Mensch muss verzweifeln, weil seine kratzbürstige Lebensgefährtin Tisch- und Stuhlbeine, Wände oder Teppiche massakriert.

Allerlei Kratzspielzeug
Kratzbäume und Kratzmöbel
Ein kleines Stück vom grünen Glück

Spielen und kratzen, kratzen und spielen.

Designerchaiselongue mit Kratzmöglichkeit.

Der Drang, die Krallen zu wetzen, ist tatsächlich angeboren und lässt sich auch nicht abtrainieren. Denn das Kratzen hat mehrere, für das Tier sehr wichtige Funktionen. Zunächst dient das Wetzen der Krallen der Pflege der körpereigenen Waffen – und damit dem Überleben. Denn nur wer fest zupackt und nicht mehr loslässt, kann Beute machen. Auch so mancher Revier- und Nahrungskonkurrent schließt mit den kleinen, spitzen Dolchen unliebsame Bekanntschaft. Es sei denn, er hat die in die Bäume gekratzte Botschaft rechtzeitig verstanden und sich aus dem Staub gemacht. Denn beim Kratzen werden Duftsignale hinterlassen – für jeden, der sie lesen kann und will. Und deshalb kratzen Katzen auch dort, wo sie Besitzansprüche geltend machen wollen: an Wänden, Türen, Möbeln. »Ich war hier«, steht dort unübersehbar zu lesen und zu riechen. Wer also bestimmte Möbelstücke schätzt und schützen möchte, der tut gut daran, seiner Mieze eine eigene Einrichtung nach ihren Bedürfnissen zur Verfügung zu stellen, an denen sie nach Herzenslust kratzen kann.

Tipp: Kratzen im Stehen und im Sitzen

Katzen lieben es, auf den Hinterbeinen stehend, mit den Vorderpfoten an einem senkrechten Gegenstand zu kratzen. Das macht Möbelbeine genau so attraktiv, wie Stämme von Kratzbäumen.
Die Samtpfoten brauchen aber auch horizontale Kratzmöglichkeiten. Also Matten, Teppiche oder anderes Spielzeug, auf dem sie im Sitzen oder Hocken kratzen können.

Allerlei Kratzspielzeug

Louis ist jung, pechschwarz, ungestüm und sehr verspielt. Und mitten in so manchem wilden Spiel mit seiner Schwester Stella fängt er an, intensiv auf dem Teppich zu kratzen. Das finden seine Menschen wenig erfreulich, weil er dank seiner Kraft und Ausdauer dem Teppich schon mehrere kahle Stellen verpasst hat. Die Lösung für solch ungebührliches Verhalten heißt Kratzspielzeug. Das gibt es in allen erdenklichen Formen, Farben und Größen, meist als Tierchen aus Sisal. Aber auch Kratzrollen, Kratzdosen und etliches anderes mehr erfüllt gut den Zweck, den Krallen den nötigen Widerstand zu bieten. Das grobfaserige Material ist robust und so können die Tiere die Krallen einhaken und zerren, dass es eine wahre Freude ist. Und wenn das Spielzeug so beschaffen ist, dass die Katze es auch mit den Hinterpfoten bearbeiten kann, umso besser. Spielen und kratzen, das geht auch mit Rondellen, in deren äußerer Schiene ein Ball läuft und deren Innenleben aus fester Wellpappe besteht, wie etwa bei einem Klassiker, dem »Catit Play-N-Scratch«, der im Zoohandel zu beziehen ist.

Und wer seine geliebten Teppiche schützen will, der sponsert seiner Katze einen eigenen, auf dem sie kratzen, liegen und spielen kann. Denn ein kleiner Läufer aus möglichst grobem Textilmaterial lässt sich auch gleich als Mausfangstation nutzen. Wie? Ganz einfach: Fahren Sie mit einer Schnur und Korken am Ende oder dem Federwedel darunter her. Das simuliert die Bewegung der Maus im Laub. Oder Sie rollen den Läufer zusammen und verstecken duftende Überraschungen darin, die die Samtpfote auspacken muss. Manche Katzen lieben es auch, sich mitsamt der Matte oder dem Läufer durch die Wohnung ziehen zu lassen.

Kratzbäume und Kratzmöbel

Niedrig, halbhoch, deckenhoch? Mit Höhlen oder ohne? In beige, braun oder blau? Mit Plüschpolstern oder einer Mulde aus Bananenblättern? Mit Hängematte oder Liegemuschel? Ja, wer als Katzenbesitzer die Auswahl hat, hat die Qual. Es gibt sie mit Zinnen und Türmchen für Nachfahren von Raubrittern oder als edles Designerstück ganz aus nachwachsenden Rohstoffen. Oder als Minibaum, an dem viele Bällchen zum Spielen locken für Minitiger. Das wichtigste Möbelstück in der Wohnung eines Katzenmenschen ist nun mal der Kratzbaum. Schade nur, dass Aischa ihren neuen cremefarbenen Ausguck mit dem styli-

Cat-Tower, ein Kratzbaum mit Pfiff, www.only-cats.de

Checkliste: Was macht einen guten Kratzbaum aus?

- *Je größer, schwerer und kräftiger die Katze, umso stabiler muss der Kratzbaum sein. Generell darf er nicht bei jedem Sprung oder Kratzen wackeln, sondern muss auch bei heftigen spielerischen Attacken standfest bleiben.*
- *Die unterschiedlichen Ebenen sollten so angebracht sein, dass sie auch bequem per Sprung zu erreichen sind.*
- *Höhlen oder Mulden sind oft auf Katzenkindergröße zugeschnitten. Überlegen Sie, ob dort auch Ihr Maine-Coon-Kater noch Platz findet, um sich drehen und wenden zu können. Genügend große Liegeflächen sind ein Muss.*
- *Polsterungen von Plattformen sollten dick und weich sein und den Krallen trotzen.*
- *Sind alle verwendeten Materialien schadstoffgeprüft?*
- *Ein Standort in der hintersten, dunkelsten Wohnzimmerecke begeistert keine Samtpfote. Ein Kratzbaum muss so stehen, dass er interessante Aussichten gewährt. Am besten am oder neben dem Fenster.*

schen Tatzenmuster so gar nicht nutzt. Lieber springt sie weiterhin auf die schmale Fensterbank, um draußen das Leben zu beobachten. Statt wilde Jagden den Baum hinauf und hinunter zu veranstalten, sitzt sie nur da und langweilt sich. Für Kratzbäume gilt der gleiche einfache Grundsatz, wie für Spielzeug: Es muss der Katze gefallen, nicht dem Menschen.

Kratzen in der Höhe.

Mehrgenerationenhaus

Es gibt aber nicht nur Kratzbäume, um den Spiel- und Kratztrieb der Miezen zu befriedigen. Das fängt bei Kratztonnen und Kratzmatten an, geht über »Kratzwellen« und hört bei multifunktionalen Designerkratzmöbeln noch lange nicht auf. Gut ist immer, wenn sich beides ergänzt, also wenn zu einem hohen Kratzbaum ein bodennahes Möbel oder eine Matte dazukommt.

Abwechslung ist nun mal alles im Miezenleben. Und wenn die Kratzeinrichtung gefällt, dann nimmt die Katze sie von ganz alleine auch als Spielgegenstand wahr. Vor allem junge oder sehr agile Katzen nutzen Kratzmöbel als Hindernisse, um darauf herumzuklettern, hoch- und runterzusausen, darüberzuhüpfen, sich dahinter zu verstecken.

Trainingslager für Artisten.

Minibaum für Minikatzen

Terrassenpirsch

Tipp: Ein echter Catwalk

Katzen lieben die Höhe. Und das kann sich Mensch auch in der kleinsten Wohnung zunutze machen und in die Höhe bauen. Wer mag, kann seiner Liebsten auch einen echten Catwalk zu Pfoten legen. Schon ein paar Regalbretter, stufenartig übereinander an der Wand angebracht, laden dazu ein, von einem zum anderen zu springen, zu balancieren, zu liegen zu dösen und vor allem zu beobachten, was sich unten beim Fußvolk so tut. Wer statt einfacher Regalbretter Holzkisten oder stabile Kartons verwendet, kann so gleich noch eine Kuschelhöhle in luftiger Höhe einrichten.

Ein kleines Stück vom grünen Glück

Pergola, Balkon oder Dachterrasse: Egal wie groß oder klein, sie bieten ein kleines Stück von der großen Freiheit, die alle Pelzigen lieben. Und das nicht nur im Sommer, wenn es sich die Herrschaften gemütlich die Sonne auf den Bauch scheinen lassen. Jede Jahreszeit hat ihre spannenden Seiten. Und wer kann, der sollte seiner Katze ein solches Stück Freiheit gönnen. Denn hier werden alle Sinne angeregt. Der Wind trägt fremde Düfte herbei, die Vögel zwitschern, das Laub raschelt, Eiskristalle kratzen an den Pfoten. Das ganze Jahr über gibt es Neues zu entdecken und auszuprobieren. Und schon allein das Beobachten, wenn schon nicht das Fangen der Beute bereichert den Katzenalltag. Aber Balkone oder Freigehege lassen sich auch mit ein wenig Ausstattung und speziellen Katzenmöbeln zu wahren Abenteuerparadiesen gestalten.

Hallo, ihr Vögel, da bin ich.

Wichtig sind unterschiedliche Höhen, die zum Springen und Klettern locken. Dafür eignen sich Gartentische und Stühle ebenso wie wetterfeste Kratzbäume aus witterungsbeständigen Materialien. Katzenhäuschen oder Zelte aus regenfestem Material laden zum Verstecken und Ausruhen, Tunnel aus Kunststoffmaterial zum Toben ein. Bepflanzung erfreut nicht nur Menschen, sondern auch Insekten und das wiederum hat einen hohen Unterhaltungscharakter für Katzen. Achten Sie nur darauf, sich vorab genau zu erkundigen, welche Gewächse für Katzen giftig oder gefährlich sind. Und dann kann es losgehen: Alle Spiele, die in der Wohnung schon Spaß machen, sind draußen noch viel schöner. Aber Achtung: So manch' kühner Kletterkünstler ist im Eifer des Gefechts schon abgestürzt. Und wenn Katzen auch oft wieder auf ihren vier Beinen landen, heißt das nicht, dass sie nicht schwere Verletzungen davon tragen können. Schutznetze gibt es in vielen Ausführungen. Sie können lebensrettend sein und lassen sich, mit ein wenig Begrünung durch Rankpflanzen, von außen so gut wie gar nicht sehen.

Einfacher Hochsitz

In zwei Halterungen für den Blumenkasten wird ein stabiles Brett gelegt. Das wird zuvor mit einem wetterfesten Stück Kunstrasen bezogen, beklebt oder festgenagelt. Fertig ist ein einfacher, aber schöner Ausguck.

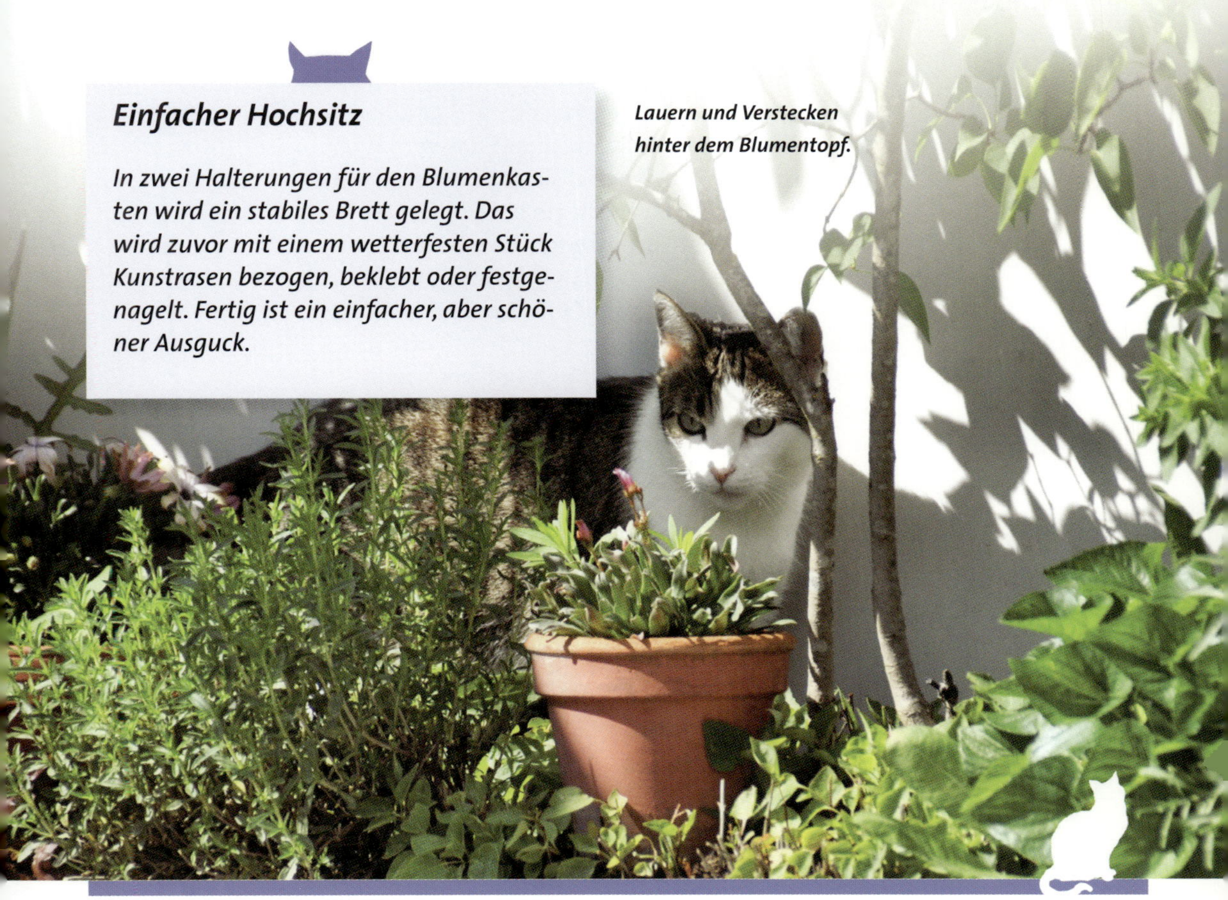

Lauern und Verstecken hinter dem Blumentopf.

Gabriele Müller ist Tierpsychologin und als bekennender Katzenfan auch auf das Verhalten von Samtpfoten spezialisiert.
Gemeinsam mit einer Kollegin betreibt sie die Beratungsstelle Vierpfotenprofis – natürlich unter miauender Mitwirkung von insgesamt fünf eigenen Samtpfoten und zwei Hunden. Die Journalistin ist bekannt durch Auftritte in verschiedenen TV-Sendungen und veröffentlicht in diversen Medien häufig zu Tierthemen aller Art. Sie ist seit vielen Jahren im Tierschutz engagiert und Vorstandsmitglied eines Tierschutzvereins, zudem hält sie Vorträge und Seminare zu Verhaltensproblemen von Katzen.

Haben Sie Fragen?
www.vierpfotenprofis.de

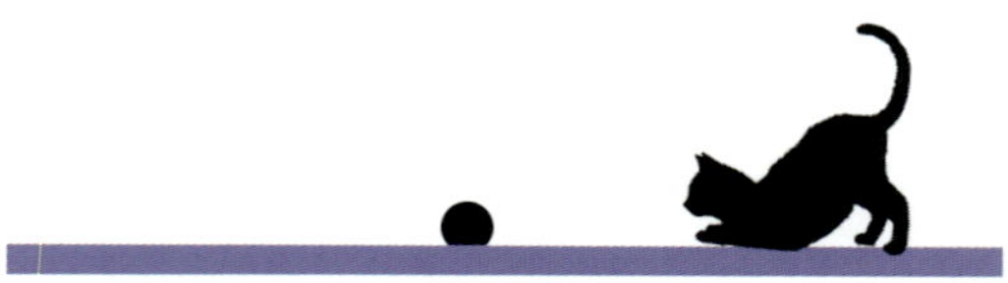

Unsere Erfolgsreihen auf einen Blick

Die Reitschule

Heinrich Bergmann-Scholvien, **Arbeit an der Doppellonge**, ISBN 978-3-275-01805-5
Urte Biallas, **Bodenarbeit**, ISBN 978-3-275-01708-9
Kerstin Diacont, **Grundkurs Sitz und Hilfen**, ISBN 978-3-275-01707-2
Kerstin Diacont, **Dressur für Fortgeschrittene**, ISBN 978-3-275-01749-2
Angelika Schmelzer, **Pferde erziehen**, ISBN 978-3-275-01709-6
Angelika Schmelzer, **Reiten im Gelände**, ISBN 978-3-275-01748-5
Britta Schön, **Hufschlagfiguren und Lektionen E bis A**, ISBN 978-3-275-01728-7
Britta Schön, **Mein erster Turnierstart**, ISBN 978-3-275-01777-5
Sabine Schweickert, **Fahren für Einsteiger**, ISBN 978-3-275-01803-1
Viviane Theby, **So lernen Pferde**, ISBN 978-3-275-01804-8
Sigrid Weppelmann/Sandra Mensmann, **Longieren**, ISBN 978-3-275-01727-0
Sigrid Weppelmann, **Basispass Pferdekunde**, ISBN 978-3-275-01750-8
Inga Wolframm, **Angstfrei reiten**, ISBN 978-3-275-01729-4
Inga Wolframm, **Springen für Einsteiger**, ISBN 978-3-275-01776-8

Die Hundeschule

Annegret Bangert, **Begleithundprüfung**, ISBN 978-3-275-01779-9
Ann-Sophie Griebel, **Clicker-Training**, ISBN 978-3-275-01714-0
Micaela Köppel, **Spiel und Spaß für jeden Tag**, ISBN 978-3-275-01732-4
Petra Krivy/Ann-Sophie Griebel, **Ein Hund aus zweiter Hand**, ISBN 978-3-275-01780-5
Petra Krivy/Angelika Lanzerath, **Was ein Welpe lernen muss**, ISBN 978-3-275-01689-1
Petra Krivy/Angelika Lanzerath, **Hunde verstehen**, ISBN 978-3-275-01756-0
Petra Krivy/Angelika Lanzerath, **Einfach gut erzogen**, ISBN 978-3-275-01731-7
Petra Krivy/Angelika Lanzerath, **So geht's nicht weiter**, ISBN 978-3-275-01713-3
Petra Krivy/Angelika Lanzerath, **Mein Hund im Flegelalter**, ISBN 978-3-275-01810-9
Uta Reichenbach/Tanja Sinner, **Agility**, ISBN 978-3-275-01660-0
Uta Reichenbach/Gabriele Lehari, **Sinnvolle Beschäftigung**, ISBN 978-3-275-01645-7
Monika Schaal/Ursula Breuer, **Komm zu mir!**, ISBN 978-3-275-01623-5
Monika Schaal/Ursula Daugschieß-Thumm, **Lockere Leine**, ISBN 978-3-275-01621-1
Julia Schuster/Jochen Schleicher, **Dog Frisbee**, ISBN 978-3-275-01755-3
Beate Schwarz, **Dummy-Training**, ISBN 978-3-275-01690-7
Manuela van Schewick, **Apportieren mit Spaß**, ISBN 978-3-275-01754-6
Christiane Wergowski, **Alleine bleiben**, ISBN 978-3-275-01659-4

happy cats

Nina Ernst, **Willkommen Katze**, ISBN 978-3-275-01781-2
Nina Ernst, **Zufriedene Stubentiger**, ISBN 978-3-275-01760-7
Gabriele Müller, **Miau – Katzensprache richtig deuten**, ISBN 978-3-275-01782-9
Gabriele Müller, **Katzenspiele**, ISBN 978-3-275-01811-6

Jedes Buch mit 96 Seiten,
ca. 80 Abb., broschiert,
je **€** 9,95/sFr 18,90/**€**(A) 10,30